Ilse Muñoz Ramirez

Se o Axolotl morrer, a nossa cultura morre

Ilse Muñoz Ramirez

Se o Axolotl morrer, a nossa cultura morre

Preservar o património de Xochimilco no século XXI

ScienciaScripts

Cover image: www.ingimage.com

This book is a translation from the original published under ISBN 978-620-2-08066-8.

Publisher:
Sciencia Scripts
is a trademark of
Dodo Books Indian Ocean Ltd. and OmniScriptum S.R.L publishing group

120 High Road, East Finchley, London, N2 9ED, United Kingdom
Str. Armeneasca 28/1, office 1, Chisinau MD-2012, Republic of Moldova, Europe
Printed at: see last page
ISBN: 978-620-8-01750-7

ÍNDICE DE CONTEÚDOS

Agradecimentos:

Antes de mais, gostaria de agradecer a todas as pessoas que conheci em Xochimilco. Não só me ajudaram na minha investigação, respondendo às minhas perguntas, como também me ajudaram a navegar na caótica Cidade do México. Gostaria também de agradecer ao meu supervisor, o Professor William Doolittle, pela sua infinita paciência. Por último, mas não menos importante, quero agradecer à minha família por apoiar os meus estudos e a minha carreira, dando-me ajuda quando precisei e independência. Não teria sido capaz de concluir esta investigação, e muito menos um curso superior, sem a ajuda de qualquer uma destas pessoas, por isso, mais uma vez, muito obrigado.

Capítulo 1: Introdução

A Organização das Nações Unidas para a Educação, Ciência e Cultura (UNESCO) designou Xochimilco da Cidade do México como Património Mundial em 1987 devido à sua ligação histórica à agricultura asteca e à sua singularidade ambiental (Conselho Internacional de Monumentos e Sítios 1986). A decisão de tornar Xochimilco Património Mundial foi justificada, em parte, pela sua vulnerabilidade ao impacto das alterações ambientais causadas pelo aumento da urbanização, uma vez que se situa na zona metropolitana da Cidade do México. Através desta designação como Património Mundial, a identidade de Xochimilco tornou-se quase paradoxal. [th]Por um lado, continua a ser uma área reminiscente da civilização asteca do século XIV, mas, por outro lado, é um bairro urbano que não é diferente de qualquer outra parte da Cidade do México.

Objectivos e metas da tese

Esta tese explora as mudanças que ocorreram em Xochimilco nos últimos 30 anos, com foco na forma como a crescente urbanização afetou uma área cultural, histórica e ambientalmente sensível que está localizada no meio de uma das maiores cidades do mundo. Esta exploração é conduzida através de um modelo de hipótese nula que afirma não haver relação entre a passagem do tempo e as mudanças em Xochimilco. A palavra "mudança" é definida de forma ampla ao longo desta tese para fornecer um quadro flexível para a análise. Além disso, como Património Mundial com uma história que remonta a antes do império asteca, uma ideia ampla de mudança fornece um pano de fundo para comparar percepções idealizadas de Xochimilco com a realidade. Esta investigação baseia-se em relatos primários e secundários sobre Xochimilco obtidos ao longo da sua história, a partir da sua designação inicial como Património Mundial em 1987.

Há uma questão que permeia todos os debates sobre paisagens em mudança: se Xochimilco mudou nos últimos 30 anos, deverá ainda manter a sua designação como Património Mundial? Apesar das muitas mudanças ambientais e culturais que ocorreram, alguns aspectos da cultura e da natureza de Xochimilco permanecem desde há muito tempo. No entanto, se a mudança foi demasiado grande, Xochimilco deixou de merecer o seu estatuto de Património Mundial. A partir daqui, surgem mais questões: deve Xochimilco ser autorizado a manter o seu estatuto de Património Mundial devido aos benefícios para as pessoas, muitas das quais dependem do turismo para obter rendimentos? Sem o estatuto de Património Mundial, a degradação ambiental e cultural em Xochimilco seria maior?

Metodologia

Testar a hipótese nula é complicado porque há muitos factores diferentes, tanto ambientais como culturais, que podem ser tomados em consideração para explorar a "mudança". Assim, para testar se o património ambiental e cultural de Xochimilco mudou nos últimos 30 anos, é importante compreender como essas mudanças são avaliadas. A minha investigação foi concluída através de um estilo de comparação e contraste de dados quantitativos e qualitativos obtidos através de fontes primárias e secundárias. Isto inclui dados de: 1) INEGI, o Instituto Nacional de Informação Estatística e Geográfica; 2) entrevistas informais com pessoas; 3) revisões da literatura existente; e 4) uma avaliação de imagens aéreas e mapas ao longo do tempo. Cinco locais em Xochimilco foram visitados de 3 a 14 de janeiro de 2015. Não foram realizadas experiências ou inquéritos normalizados devido a limitações de tempo e recursos. O trabalho de campo consistiu em grande parte na comparação de avaliações e observações da literatura com observações de campo. Uma breve descrição dos locais de campo com descrições e justificações para o estudo é apresentada em Quadro 1.1.

Tabela 1.1: Locais de estudo da tese com descrições e justificações para o estudo.

Site	Date(s)	Description	Justification for study
San Gregorio Atlapulco	January 6, 2015	San Gregorio Atlapulco is the name for both the pueblo and the ejido located in the northwest of the Xochimilco borough. The ejido zone is located within the official Heritage Zone.	As one of the pueblos of Xochimilco, San Gregorio Atlapulco was traditionally considered a producer of vegetables (Canabal Cristiani 1992). In addition, as an ejido, the land should be used for agricultural purposes only.
Parque Ecológico de Xochimilco (PEX)	January 5, 2015	As the second-largest natural protected area in Xochimilco, the PEX conducts research investigations and serves as a recreation center for locals and tourists alike.	Located within the buffer zone and acting as a conservation agency, the PEX is an ideal place to observe how the people of Xochimilco are trying to improve their natural environment and be sustainable.
Tourist and Urban Zone; Bosque de Nativitas	January 3 and 14, 2015	The terms "tourist" and "urban" zones were broadly defined to encompass areas that were specifically targeted towards tourism and residential facilities. The Bosque de Nativitas is also located downtown.	The Bosque de Nativitas is considered part of the official Heritage Zone. In addition, observing downtown areas and how people live in tourist and downtown areas provides a good understanding of how the environment is used for filling human needs.
West Xochimilco	January 9, 2015	This area refers to the western area of Xochimilco located by the Olympic rowing pool; this also includes a foray through kayak into the chinampa zone of Xochimilco, which is located west of the Olympic Rowing Pool.	Since the West Side of Xochimilco acts as a border between the heritage and non-heritage zones, studying how the two landscapes interact with one another is critical. Additionally, I had received information about a new park, Michmani that was opened recently while on site.
North Xochimilco, Cuemanco	January 12, 2015	This refers to the Northern border of Xochimilco where it meets Tláhuac. This also includes the Plant and Flower Market of Cuemanco.	Similarly to the PEX and Western Xochimilco, Northern Xochimilco provides some understanding of how borders can show how people use the land. Cuemanco, meanwhile, works as an example of a conservation project in Xochimilco.

A investigação recolheu, analisou e comparou dados sobre agricultura, população, educação e economia do município de Xochimilco ao longo do tempo, começando em 1950, quando o INEGI começou a recolher dados exclusivamente para Xochimilco. No entanto, a maior parte destas comparações centrou-se nos anos de 1987 até à atualidade. A nível qualitativo, o património de Xochimilco, bem como a forma como as pessoas viam esse património, foi avaliado através de fontes primárias e secundárias criadas por pessoas que viveram ou realizaram investigação em Xochimilco. Estes textos incluíam, mas não se limitavam a, publicações académicas, guias turísticos e anúncios publicitários. Mais uma vez, a maior parte destes dados limitou-se aos anos de 1987 a 2015. Esta literatura e estes dados foram depois comparados e contrastados com o que foi observado no terreno, com especial incidência na forma como a população de Xochimilco percepcionou as mudanças no ambiente e nos seus meios de subsistência.

Para além do período de 1987-2015, os dados e a literatura recolhidos e utilizados centraram-se apenas no bairro de Xochimilco[1] , embora os limites do Bem Patrimonial Mundial e a sua zona tampão se estendam aos bairros vizinhos de Milpa Alta e Tlahuac. Isto foi feito, em grande parte, por uma questão de tempo e de capacidade de investigação, tendo em conta que a maior parte do Bem Patrimonial Xochimilco, como o seu nome indica, está localizada em Xochimilco. Além disso, a Zona Patrimonial de Xochimilco é a que recebe maior atenção através do turismo, das visitas e dos projectos de desenvolvimento. Por último, o centro da cidade de Xochimilco serve de ponto de entrada para a maioria dos visitantes do sítio, funcionando como centro de trânsito para zonas não urbanas, como a localidade agrícola de San Gregorio Atlapulco, através das suas ligações de metro ligeiro e autocarro local.

[1] O Distrito Federal está dividido em 16 *delegaciones* ou bairros. Xochimilco é um desses bairros, embora muitas outras localidades, como o centro da cidade, o ejido e a propriedade patrimonial, também sejam designadas por Xochimilco. Ao longo desta tese, Xochimilco refere-se à divisão política, salvo indicação em contrário.

Formato da tese

Esta tese está dividida em três capítulos principais. O capítulo seguinte, "Xochimilco e a UNESCO", fornece informação de base sobre Xochimilco e a UNESCO. Este capítulo inclui informações sobre o ambiente natural da Bacia do México, onde se situa Xochimilco, e o seu contexto geral como centro económico e político do país. Também se centra no desenvolvimento do património cultural e ambiental em Xochimilco através de uma perspetiva histórica. Por último, aborda as ligações entre a UNESCO e Xochimilco, explorando as justificações para a sua designação, bem como as agências envolvidas na gestão da Área Natural Protegida.

O terceiro e quarto capítulos, "O Ambiente" e "As Pessoas", apresentam, respetivamente, os resultados dos dados recolhidos e analisados. Uma vez que esta investigação pode ser amplamente categorizada em como o ambiente natural é afetado e em como as pessoas são afectadas, os capítulos foram separados com esta distinção em mente.

No entanto, também é importante notar que existem muitas intersecções entre os ambientes natural e cultural, uma vez que as pessoas têm interagido constantemente com o ambiente de Xochimilco, afectando-o tanto intencionalmente como não intencionalmente. Por conseguinte, estes dois capítulos separam a humanidade do ambiente apenas para efeitos de discussão.

A conclusão sintetiza a investigação recolhida ao longo da tese, incluindo as tendências ambientais e culturais e as observações no terreno em Xochimilco. O capítulo de conclusão também discute o futuro de Xochimilco, particularmente na sua designação como Património Mundial e se ainda merece essa designação. Além disso, o capítulo analisa as oportunidades de investigação futura sobre Xochimilco, o ativismo e outros sítios do Património Mundial. O capítulo de conclusão é seguido pelo Apêndice, que contém quadros e figuras adicionais úteis para esta investigação.

Capítulo 2: Xochimilco e a UNESCO

A moderna Cidade do México não é nova. Foi construída com base em centenas de anos de urbanização anterior. Os astecas instalaram-se na ilha de Tenochtitlan e, à medida que a sua população crescia, a agricultura expandiu-se para sul, para o lago de Xochimilco, onde os agricultores construíram ilhas rectangulares a partir de lama recolhida do leito do lago. Estes campos altamente produtivos são conhecidos como chinampas e sobreviveram até aos dias de hoje, atraindo a atenção internacional e obtendo o estatuto de Património Mundial da Humanidade em 1987 pela Organização das Nações Unidas para a Educação, Ciência e Cultura (UNESCO). Esta designação foi motivada por dois factores fundamentais: 1) a história de Xochimilco no México pré-hispânico, e 2) a paisagem lacustre e o método de agricultura únicos (Conselho Internacional de Monumentos e Sítios 1986).

Este capítulo apresenta uma breve introdução à história, ao ambiente e à cultura de Xochimilco e da UNESCO. Começa com uma descrição da bacia do México, onde se situa Xochimilco. Segue-se uma breve história de Xochimilco. Uma vez que as pessoas vivem em Xochimilco há centenas de anos, a ênfase desta secção é colocada no desenvolvimento do património cultural e ambiental, tal como é percebido pela consciência pública. A partir daí, inicia-se uma discussão sobre a história, a filosofia e o objetivo da UNESCO. Por último, este capítulo examina a relação entre a UNESCO e Xochimilco, incluindo a forma como a UNESCO definiu o bem patrimonial e o quadro através do qual interage com o governo mexicano para estabelecer programas de conservação e gestão.

A bacia da Cidade do México

Para compreender Xochimilco e o seu papel na Cidade do México, é imperativo compreender os factores geológicos que afectam a bacia desde os tempos pré-hispânicos até aos dias de hoje. A Cidade do México está situada na Bacia do México, um vale montanhoso localizado a cerca de 2.200

metros acima do nível do mar e rodeado por montanhas de origem vulcânica (Comité Conjunto das Academias 1995). A área recebe cerca de 700 mm de chuva por ano, que, juntamente com o degelo das montanhas circundantes, fornece água doce à bacia. Embora a água flua para a bacia, não flui para fora. A Bacia do México é classificada por drenagem interior e, como tal, contém cinco lagos pouco profundos que dependem do escoamento superficial (ver Figura 2.1) (Comité Misto das Academias 1995). O maior lago, o lago Texcoco, foi o local de Tenochtitlan, que mais tarde se tornou a Cidade do México, enquanto o lago Xochimilco, a sul, contém as chinampas. Em conjunto, estes lagos cobriam aproximadamente 1.500 quilómetros quadrados (Ezcurra 1999)

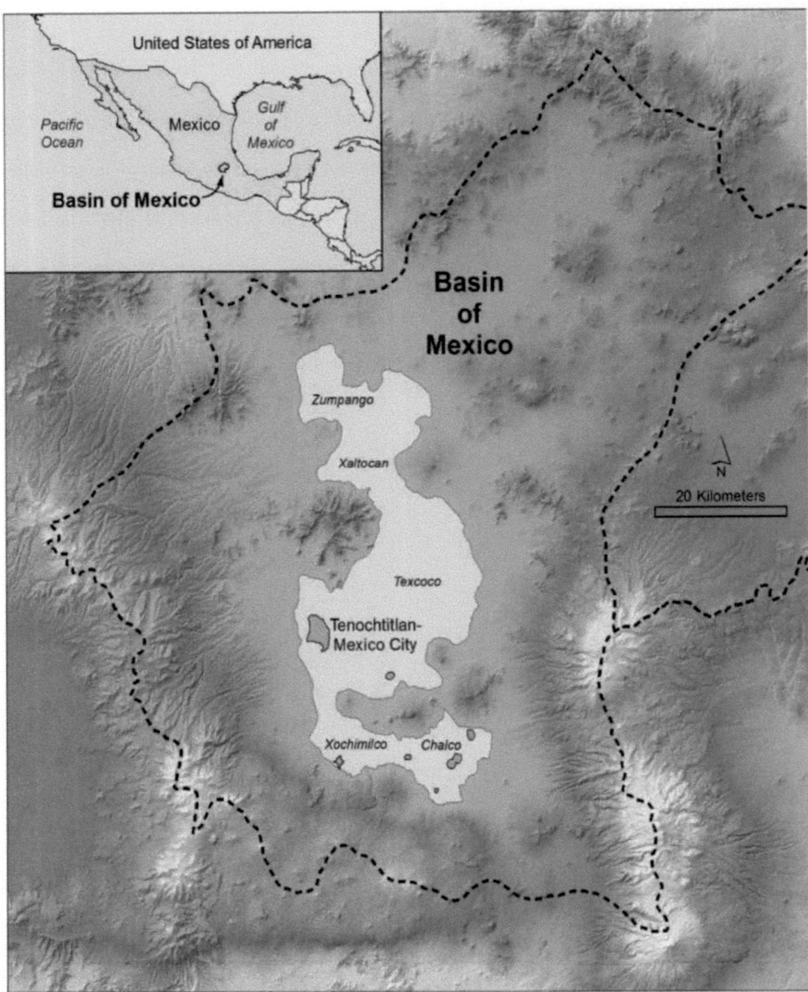

Figura 2.1: Sistema de lagos da Bacia do México do início do século XVI e diques, vias de comunicação e canais primários modelados ou traçados (Luna Golya 2014). Devido à topografia, os cinco lagos da bacia juntaram-se para formar um grande lago. O lago Xochimilco está localizado no sul da bacia e é composto por água doce.

No entanto, nem todos os lagos eram iguais. Os quatro lagos mais pequenos - Xochimilco e Chalco no Sul, Zumpango e Xaltocan no Norte - situavam-se a uma altitude ligeiramente superior à do lago Texcoco. Devido a esta diferença de altitude, a salinidade dos lagos variava consideravelmente. A água doce destes lagos mais pequenos, alimentada pelo degelo e pela precipitação, fluía a jusante para o Lago Texcoco, recolhendo minerais como o sal pelo caminho. Uma vez que estas águas salobras não podem chegar ao oceano devido ao sistema fechado de bacias hidrográficas, os sais dissolviam-se no escoamento e depositavam-se no fundo da bacia, onde a água acabava por se evaporar, deixando apenas o sal. Com o tempo, este processo transformou o Lago Texcoco numa grande massa de água salgada (Ezcurra 1999). Devido à água salgada, o Lago Texcoco não podia ser utilizado para a agricultura, o que incentivou a agricultura nos lagos de água doce mais pequenos.

Estas diferenças de altitude e disponibilidade de água também criaram muitos tipos diferentes de microclimas, que por sua vez atraíram uma grande variedade de flora e fauna. Estas zonas ecológicas da bacia variam entre pinhais e vegetação aquática e subaquática (Ezcurra 1999). Estas diferenças, por sua vez, atraem animais, incluindo mas não se limitando a veados, salamandras, aves e morcegos (Ezcurra 1999). Estes factores fizeram da Bacia do México um local aparentemente perfeito para criar uma civilização, uma vez que o clima é ameno e havia recursos como água, plantas e animais disponíveis para uso humano

(Ezcurra 1999). Em particular, o ambiente lacustre de água doce era muito desejável para os agricultores e colonos (Ezcurra 1999). Atualmente, a fronteira política do Distrito Federal coincide aproximadamente com os limites da bacia da Cidade do México, embora a área metropolitana da Cidade do México se tenha expandido para os estados vizinhos do México e Hidalgo (Comité Conjunto das Academias 1995).

Património de Xochimilco

Como a água salgada do lago Texcoco não era adequada para a agricultura, a agricultura intensificou-se nos lagos de água doce, uma prática que começou pouco depois da chegada dos primeiros habitantes à bacia e que se intensificou com o crescimento de Tenochtitlan e de outras civilizações astecas (Ezcurra 1999). Os agricultores começaram a cultivar nas áreas em torno do antigo lago Xochimilco a partir de cerca de 2.500 a.C., um processo que se intensificou com a chegada dos Nahuas, do norte do México à bacia da Cidade do México (Vela 2012). Esses falantes de nahuatl fizeram as maiores expansões no sistema agrícola único da bacia: a chinampa (Goyla Luna 2014).

O sistema agrícola chinampa é considerado um dos sistemas mais produtivos da agricultura, bem como um dos mais trabalhosos. As chinampas são formadas nas zonas húmidas da Bacia do México através da utilização de canais, criando campos agrícolas elevados (Crossley 2004). Estas chinampas são compridas mas estreitas e normalmente suportadas com a ajuda de vegetação semi-aquática, em particular o ahuejote (*Salix bonplandiana*), que é nativo das zonas húmidas de Xochimilco (ver Figura 2.2) (Meza Aguilar 2008). No auge da produção de chinampa, estima-se que poderiam ter alimentado até 200.000 pessoas usando 50 quilómetros quadrados (Luna Golya 2014). Devido à sua produtividade agrícola, na época da chegada dos espanhóis, a antiga cidade-estado de Xochimilco era considerada a cidade mais importante dos nahuas depois da capital Tenochtitlan (Vela 2012).

Figura 2.2: Uma chinampa moderna. As árvores ahuejote suportam as chinampas e separam os canais do lago e os leitos agrícolas. As chinampas são consideradas uma caraterística fundamental da cultura Xochimilco (9 de janeiro de 2015).

Logo após a chegada e conquista da civilização asteca por Hernan Cortes, o poder e a influência de Tenochtitlan desapareceram, assim como o poder de Xochimilco e outras cidades-estado aliadas (Vela 2012). Após a conquista, o sistema chinampa centralizado entrou em colapso quando os serviços patrocinados pelo governo de Tenochtitlan, como manutenção de canais, divisões de terras e subsídios econômicos, terminaram (Luna Golya 2014). Para além da relutância espanhola em manter os canais e as chinampas, as epidemias de doenças e as conversões religiosas forçadas destruíram grandes secções da força de trabalho agrícola. Por último, a coroa espanhola insistiu na drenagem dos lagos da bacia da Cidade do México, racionalizando que a drenagem evitaria inundações no futuro (Luna Golya 2014). A influência espanhola foi, em última análise, de destruição, uma vez que as acções espanholas, intencionais e não intencionais, desencorajaram a utilização de chinampas. Esta degradação não cessou quando o México obteve a sua independência, uma vez que o governo mexicano pós-independência estabeleceu políticas que criaram mais problemas.

[th]Na virada do século XX, as decisões políticas que desencorajavam o uso da chinampa se

intensificaram devido à falta de previsão ambiental. As políticas mais severas ocorreram durante a ditadura de Porfirio Diaz[2] (1876-1911), quando o governo patrocinou projetos para remover toda a água da bacia, incentivando ainda mais a urbanização (Wakild 2007). thEm particular, o trabalho de drenagem do Canal de Huehuetoca foi grandemente expandido durante o século XIX, o que, por sua vez, baixou o nível da água em toda a bacia e levou a uma escassez de água (Ezcurra 1999). A falta de água, por sua vez, afectou a subsistência de milhões de mexicanos. Além disso, fábricas e caminhos-de-ferro começaram a ligar as várias localidades da bacia, incluindo Xochimilco, ao poder político e económico urbanizado do centro da Cidade do México (Ezcurra 1999). O Porfiriato também se caracterizou pela desigualdade socioeconómica, que por sua vez levou à Revolução Mexicana (1910-1920), um movimento maioritariamente rural que derrubou Diaz e deu início a um novo sistema político em 1924 (Ezcurra 1999).

Após a revolução, Xochimilco continuou a sua integração no poder e influência da zona metropolitana, embora tenha permanecido maioritariamente agrícola durante décadas após a revolução. Xochimilco também começou a cativar os visitantes, à medida que as elites do centro da Cidade do México e do estrangeiro começaram a visitá-la (Peralta Flores 2011). Um dos mais influentes foi Hugo Brehme, um alemão que fotografou a paisagem e as pessoas que viu (ver Figura 2.3) (Casas 2007). Além disso, filmes como Maria Candelabro, que foi filmado em Xochimilco, retrataram-no como um dos últimos bastiões da cultura indígena e dos ecossistemas pré-hispânicos no México. Devido à sua história como cidade-estado asteca e à sua existência contínua como paisagem agrícola, Xochimilco foi designada como Património Mundial em 1987 (Conselho Internacional de Monumentos e Sítios 1986). No entanto, apesar de ter obtido a designação de Património Mundial, a urbanização levou a preocupações com a degradação do ambiente e da cultura, o que, por sua vez, levou a dúvidas sobre se ainda merece a designação de património da UNESCO (Onofre 2005).

---

[2] Também conhecido como o *Porfiriato*.

Figura 2.3: Xochimilco, *ca.* 1925. Inv. 371978, Sinafo-INAH. Imagens semelhantes de Hugo Brehme encorajaram a perceção de Xochimilco como um remanescente da cultura indígena (Casas 2007).

História e objetivo da UNESCO

Para compreender o impacto da designação da UNESCO, é fundamental compreender a própria UNESCO. A UNESCO, Organização das Nações Unidas para a Educação, a Ciência e a Cultura, foi fundada com a filosofia geral de "humanismo científico mundial, global em extensão e evolutivo em fundo" em 1945 (Huxley 1947). O fim das duas guerras mundiais motivou a sua criação, quando a paz duradoura se tornou uma prioridade na esfera política internacional. Os líderes governamentais e os diplomatas defendiam que a paz podia ser alcançada através da solidariedade moral e intelectual, da educação de qualidade como um direito humano, da proteção do património e do apoio à diversidade cultural, da cooperação científica e da liberdade de expressão (Huxley 1947). Foi mais tarde que a *Convenção para a Proteção do Património Mundial, Cultural e Natural* criou o conceito de Sítios do Património Mundial em 1972 (Centro do Património Mundial da UNESCO 2008).

De acordo com o Comité do Património Mundial, a missão do Património Mundial da UNESCO é "encorajar a identificação, proteção e preservação do património cultural e natural de todo o mundo considerado de valor excecional para a humanidade" (Centro do Património Mundial da UNESCO 2008). Por outras palavras, o Centro do Património Mundial tem como objetivo encontrar os sítios mais singulares ou importantes do património cultural e natural para proteger para as gerações futuras. Enquanto organização, a UNESCO incentiva os países a protegerem o seu próprio património natural e cultural, a proporem sítios no seu território para inclusão na Lista do Património Mundial e a estabelecerem planos de gestão e proteção para os seus sítios do Património (Centro do Património Mundial da UNESCO 2008). Além disso, o Centro do Património Mundial da UNESCO presta assistência de emergência e incentiva a sensibilização do público, a participação local e a cooperação internacional na conservação (Centro do Património Mundial da UNESCO 2008).

Quando um sítio obtém o estatuto de Património Mundial, obtém também a proteção e o prestígio da comunidade internacional, uma vez que a sua "proteção é o dever de toda a comunidade internacional cooperar" (Centro do Património Mundial da UNESCO, 2008). Devido a este prestígio, os locais designados como Património Mundial e as pessoas que neles vivem tendem a beneficiar de uma série de forças diferentes. Em primeiro lugar, a designação aumenta frequentemente a sensibilização para a preservação e conservação do património, tanto a nível nacional como internacional. Além disso, os sítios podem tirar partido do Fundo do Património Mundial, que é utilizado por cada país para identificar, preservar e promover os sítios do Património Mundial. Por último, o Centro do Património Mundial da UNESCO ajuda os países a elaborar e aplicar planos de gestão para manter medidas de preservação e mecanismos de monitorização adequados.

Para além deste apoio institucional, os Sítios tendem a receber a atenção de entidades internacionais, como as Organizações Não Governamentais (ONG), que podem cooperar com o país de origem em projectos de conservação do património. Através destes projectos, os Sítios do Património Mundial e as pessoas que neles vivem podem receber assistência financeira para projectos de gestão e conservação dos sítios. No entanto, a vantagem mais significativa do estatuto de Património Mundial é, sem dúvida, o aumento da notoriedade de um sítio natural ou cultural, tanto a nível nacional como internacional. Em particular, a sensibilização do público para um sítio tende a aumentar o turismo, o que pode proporcionar rendimentos às pessoas que aí vivem, o que, por sua vez, incentiva a preservação do sítio. No entanto, o turismo é muitas vezes uma faca de dois gumes, uma vez que o turismo em excesso pode causar problemas, como a invasão de instalações turísticas em zonas protegidas.

O papel da UNESCO em Xochimilco

Para que um local seja inscrito na Lista do Património Mundial, os sítios têm de se enquadrar em pelo menos um dos dez critérios de seleção (Centro do Património Mundial da UNESCO 2008). O Governo mexicano nomeou Xochimilco em conjunto com o Centro Histórico da Cidade do México (*el Zocalo*), de acordo com os critérios II, III, IV e V (Conselho Internacional para o Património Mundial da UNESCO, 2008).

Monumentos e Sítios 1986). Os quatro critérios segundo os quais Xochimilco e o Centro da Cidade do México obtiveram a designação da UNESCO estão resumidos no Quadro 2.1 abaixo. Destes quatro critérios, o critério V é o mais relevante para as chinampas, uma vez que os critérios II, III e IV se aplicam ao Centro Histórico da Cidade do México. Segundo o critério V, os restantes chinampas deram prioridade à proteção e conservação ambiental:

> Critério V: Tendo-se tornado vulnerável sob o impacto das alterações ambientais, a paisagem lacustre de Xochimilco constitui o único vestígio da ocupação tradicional do solo nas lagoas da bacia da Cidade do México antes da conquista espanhola (Conselho Internacional dos Monumentos e Sítios 1986).

Quadro 2.1: Descrições e justificações dos critérios de seleção da UNESCO (Conselho Internacional dos Monumentos e Sítios 1986), (Centro do Património Mundial da UNESCO 2008).

Criterion		Justification
II:	Exhibit an important interchange of human values, over a span of time or within a cultural area of the world, on developments in architecture or technology, monumental arts, town-planning or landscape design	From the 14th to the 19th centuries, Tenochtitlán and Mexico City exerted influence in the development of architecture, the arts, and the use of space
III	Bear a unique or at least exceptional testimony to a cultural tradition or to a civilization which is living or which has disappeared	The five temples and Great Pyramid in the monumental complex of the Templo Mayor bear witness to the extinct Aztec civilization
IV	Be an outstanding example of a type of building, architectural or technological ensemble or landscape which illustrates (a) significant stage(s) in human history	The New Spain capital is characterized by a checkerboard layout and is a prime example of Spanish settlements in the New World
V	Be an outstanding example of a traditional human settlement, land-use, or sea-use which is representative of a culture (or cultures), or human interaction with the environment, especially when it becomes vulnerable under the impact of irreversible change	Vulnerable to the impacts of environmental changes, the lacustrine landscape of Xochimilco constitutes the only reminder of traditional ground occupation in the lagoons of the Mexico City basin before the Spanish conquest

O Comité do Património Mundial ajuda as nações a monitorizar o sítio e apresenta recomendações ao governo do México. Estas recomendações são compiladas em relatórios do Estado de Conservação (SOC), utilizados tanto pelo Estado como pelo Comité do Património Mundial para avaliar as medidas de conservação, criar planos de gestão e resumir as decisões do Comité (Centro do

Património Mundial da UNESCO 2008). Estes relatórios estão disponíveis online para Xochimilco, tendo o SOC mais antigo sido criado em 2003 (UNESCO 2015). Para além dos relatórios SOC, a UNESCO contribuiu para a conservação através de uma subvenção de 5 000 USD em 1999 para ser utilizada na criação das "*Orientações Gerais para a Gestão do Património Mundial Cultural e Natural*" (Comité do Património Mundial 2003). Para além dos relatórios do SOC e deste pequeno subsídio, a UNESCO desempenha um papel muito limitado, esperando que o país do México monitorize, gira e conserve o ambiente e a cultura.

Isto não quer dizer, no entanto, que a UNESCO não tenha impacto regulamentar em Xochimilco, uma vez que a organização estabelece regulamentos e normas sobre a forma como os países devem tratar os seus sítios patrimoniais. Uma delas é a criação de fronteiras para zonas de proteção e bens patrimoniais. A Propriedade do Património Mundial[3] refere-se à área que contém o sítio de valor universal excecional, que está sujeito a medidas de conservação e gestão (Martin 2009). Entretanto, a zona tampão é uma medida de conservação que diminui o impacto de ameaças externas a um sítio, como a urbanização (Martin 2009). Em Xochimilco, as fronteiras e extensões da zona tampão e da zona patrimonial foram delineadas em 2011, anos após a designação oficial pelo governo mexicano (ver Figura 2.4). Assim, o papel da UNESCO em Xochimilco não é direto, uma vez que os processos quotidianos de monitorização, investigação e gestão estão em grande parte nas mãos do governo mexicano, apoiado por iniciativas de universidades e organizações não governamentais locais.

[3] Sinónimo, ao longo desta tese, da expressão "zona patrimonial"

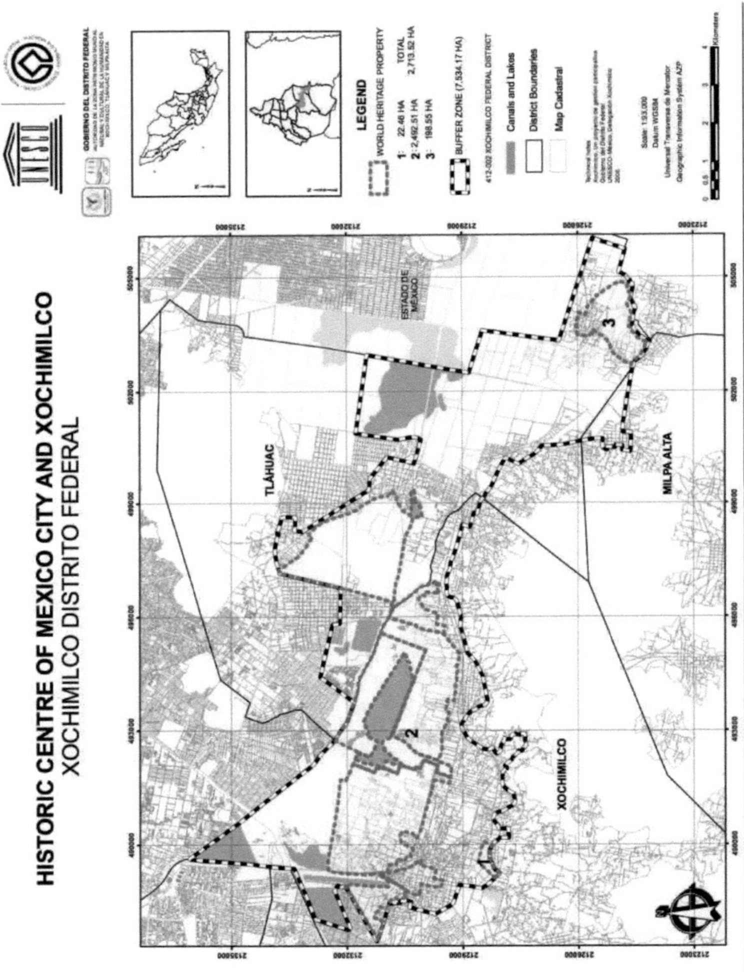

Figura 2.4: Mapa do Centro Histórico da Cidade do México e de Xochimilco: Xochimilco Distrito Federal. O património e as zonas tampão estendem-se por três outros bairros, embora a maior parte do Património Mundial se situe em Xochimilco (UNESCO 2006).

Capítulo 3: O ambiente

A urbanização e a degradação ambiental estão inter-relacionadas, uma vez que mais pessoas a viver em espaços confinados exigem mais espaço e recursos. Se considerarmos a localização da Cidade do México numa bacia natural fechada, os problemas ambientais aumentam, uma vez que o seu sistema fechado garante que os poluentes permanecem na bacia. No caso de Xochimilco, o ambiente tem sido uma preocupação fundamental para as partes interessadas, tanto a nível nacional como internacional, uma vez que o ambiente natural motivou a sua designação (Conselho Internacional de Monumentos e Sítios 1987). A partir destas preocupações surgiram iniciativas de conservação, incluindo tanto projectos internacionais de grande escala como grupos locais de voluntariado, muitos dos quais se concentram exclusivamente em Xochimilco.

Este capítulo está dividido em três secções. A primeira fornece uma descrição geral da história ambiental de Xochimilco, com enfoque no período de tempo entre a designação da UNESCO e a atualidade. A segunda secção compara e contrasta os dados ambientais de todo o bairro com os locais de estudo selecionados em Xochimilco. É aqui que podemos diferenciar a forma como áreas distintas foram afectadas ao longo do tempo, uma vez que alguns sítios sofreram a degradação do habitat de forma diferente de outros. A terceira e última secção discute algumas das medidas de conservação desde 1987 que se centram na preservação do ambiente natural de Xochimilco. Estes projectos de conservação incluem leis nacionais, projectos públicos e organizações locais sem fins lucrativos.

O panorama geral

Urbanização e ambiente

De um modo geral, a urbanização é definida como "o processo de concentração de uma população num espaço concebido como urbano" (Mookherjee e Pomeroy 2010). O processo e a medição da urbanização geralmente envolvem requisitos para: (1) um limite mínimo de tamanho da população, área urbana ou densidade populacional; (2) força de trabalho principalmente não agrícola; (3) status administrativo urbano; e (4) estrutura urbana e padrão organizacional (Mookherjee e Pomeroy 2010). Como uma das 16 *delegações* do Distrito Federal, Xochimilco é definida pelo governo central como urbana devido à grande densidade populacional e à sua base económica essencialmente não agrícola. Além disso, a sua existência como um bairro designa Xochimilco como um centro administrativo urbano.

Atualmente, o bairro tem uma população de 415.007 pessoas, que aumentou de 47.082 pessoas em 1950 (ver Quadro 3.1 e Figuras 3.1 e 3.2) (INEGI 1999) (INEGI 2014). Com o aumento da população na Cidade do México, também aumentou a taxa de urbanização, à medida que mais pessoas se mudam para a cidade, criando subúrbios que são incentivados por baixos custos de transporte e terrenos baratos na periferia, incorporando assim cidades historicamente periféricas, como Coyoacan, Tlalpan e Xochimilco, no centro urbano (Ezcurra 1999). Para além do crescimento populacional, é relevante avaliar a distribuição geográfica da extensão urbana. Como ilustrado na Figura 3.3, embora a urbanização se tenha expandido sobre Xochimilco, evitou em grande medida o bem patrimonial, estendendo-se sobretudo pelas zonas tampão.

Tabela 3.1: Crescimento da população em Xochimilco, na Cidade do México Metropolitana e no Distrito Federal ((INEGI 2014), (INEGI 1999).

Year	Population: Metropolitan Zone	Population: Federal District	Population: Xochimilco	Population change: Xochimilco
1950	2 952 199	3 050 442	47 082	+23,299
1960	5 125 447	4 870 876	70 381	+46,112
1970	8 623 157	6 874 165	116 493	+100,988
1980	13 878 912	8 831 079	217 481	+53,670
1990	15 563 795	8 235 744	271 151	+61,163
1995	N/A	8 489 007	332 314	+37,473
2000	18 396 677	8 605 239	369 787	+34,671
2005	N/A	8 720 916	404 458	+10,549
2010	20 116 842	8 851 080	415 007	

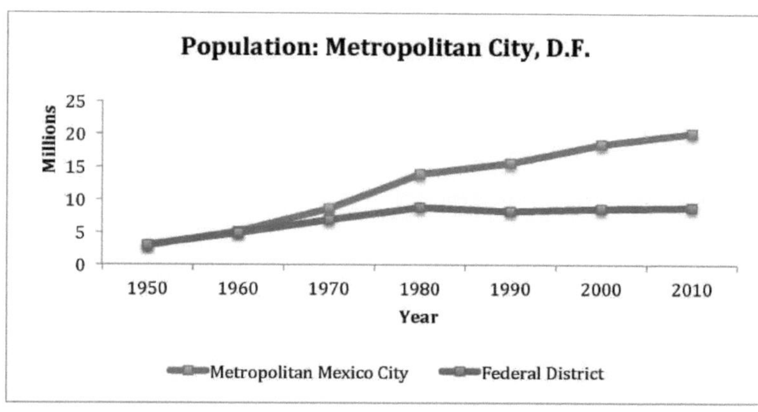

Figure 3.1: População da Cidade do México Metropolitana e da Cidade Federal, 1950-2010 (INEGI 1999), (INEGI 2014).

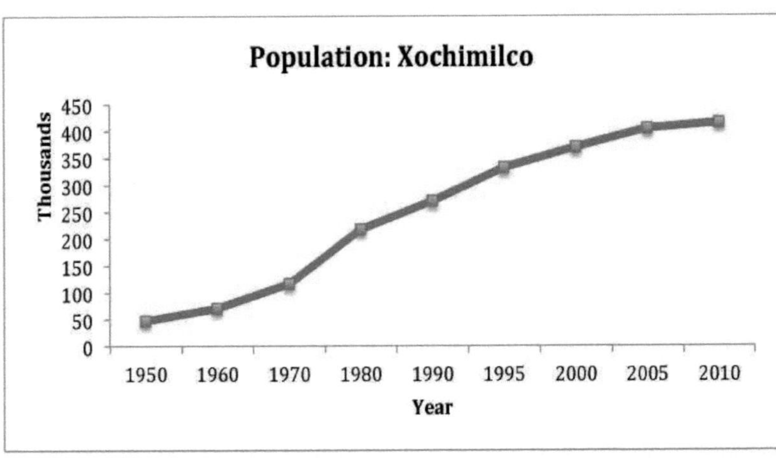

Figure 3.2: População de Xochimilco, 1950-2010 (INEGI 1999), (INEGI 2014).

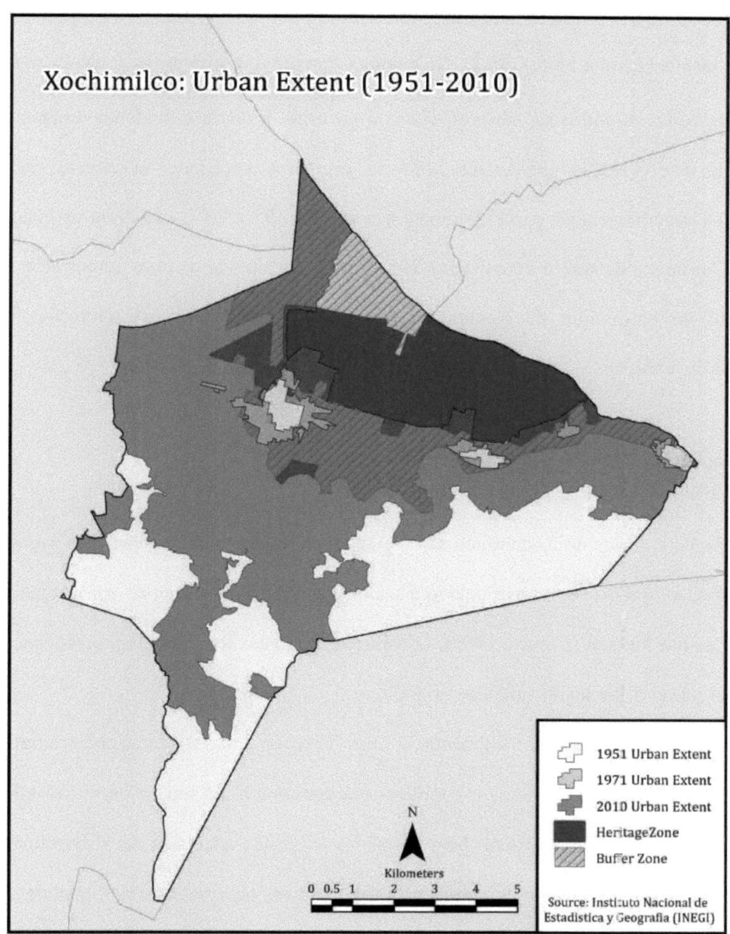

Figura 3.3: Urbanização em Xochimilco, 1951-2010. As extensões urbanas de 1951 e 1971 foram digitalizadas a partir de mapas aéreos e imagens publicadas pelo INEGI (INEGI 2014) (UNESCO 2006).

Apesar da urbanização em zonas tampão, com uma população crescente, os assentamentos urbanos ilegais espalharam-se por Xochimilco nas zonas chinampa (Peralta Flores 2012). Por exemplo, em 1987 havia 87 zonas residenciais ilegais em Xochimilco. Em 2004, o número aumentou para 250 residências ilegais (Peralta Flores 2012). No entanto, a invasão urbana em pequena escala raramente é tão influente como as entidades maiores, como o governo. Embora a mudança ambiental esteja em curso desde a civilização pré-Azteca com os primeiros caçadores-colectores, os projectos e regulamentos governamentais, particularmente nos séculos 19th e 20th , causaram os maiores graus de mudança. Considerando que o ecossistema lacustre é, sem dúvida, o mais importante marcador de identificação do património de Xochimilca, este capítulo centra-se nas alterações biológicas e hidrológicas do ambiente.

Água em Xochimilco

Os lagos e canais de Xochimilco são alguns dos últimos remanescentes dos lagos gigantes da Bacia do México, que sobreviveram devido à maior elevação de Xochimilco em relação ao centro da cidade do Distrito Federal (Ezcurra 1999). O controlo das águas tem sido uma preocupação constante desde o início da civilização no vale. Por exemplo, o

Os aztecas utilizaram diques para segmentar o Lago Texcoco e os espanhóis construíram canais para transporte, o que ajudou a melhorar o comércio e a agricultura em toda a bacia (Wakild 2007). No entanto, nem todas as decisões foram bem sucedidas na gestão adequada do abastecimento de água. Uma das primeiras decisões com consequências significativas ocorreu em 1603, quando o governo da Nova Espanha, no centro da Cidade do México, fechou os canais que ligavam Xochimilco ao lago salobro Texcoco, justificando que, caso contrário, haveria mais inundações no centro da Cidade do México. Esta decisão causou inundações no centro da cidade de Xochimilco e a perda de três anos de agricultura, bem como de muitas casas (Vela 2012).

A mudança mais intensa no abastecimento de água da bacia ocorreu mais tarde. thEsta mudança teve início no século XIX, quando, devido à crescente procura de terras e recursos por parte dos cidadãos urbanos, o governo federal decidiu drenar os lagos da bacia do México e criar terras para fins agrícolas e residenciais, prevenindo simultaneamente futuras inundações (Peralta Flores 2011). O projeto Gran Desague, iniciado em 1886, deu origem a mais problemas do que os que poderiam ter sido previstos na altura. Este projeto, que recebeu amplo apoio político durante o Porfiriato, construiu um sistema de diques e tanques de retenção para o excesso de água, barreiras para o transbordo e drenagem geral (Wakild 2007). Os processos de drenagem dos lagos, que duraram décadas, continuaram após o Porfiriato até à quase completa dessecação do lago Texcoco. Após o Projeto Gran Desague, a população expandiu-se sobre a maior parte dos antigos leitos dos lagos (Ezcurra 1999).

Durante estes esforços para drenar os lagos, a população da Cidade do México aumentou, o que, por sua vez, ampliou a procura de água doce para uso doméstico e industrial (Ezcurra 1999). Devido à disponibilidade de água doce em Xochimilco, o governo começou a desviar a água dos lagos e canais através de redes de condutas para o centro da Cidade do México (Aguilar e Lopez 2009). Isto começou com a construção do Aqueduto de Xochimilco de 1905 a 1914, que canalizou a água das zonas húmidas de Xochimilco e a desviou para o centro da Cidade do México (Peralta Flores 2012). Estas acções baixaram o nível da água ao ponto de, em 1953, o governo central mexicano, a pedido dos membros da comunidade, ter sido forçado a canalizar a água de volta para os canais de Xochimilco (Peralta Flores 2012). Para além das alterações na disponibilidade de água, a qualidade da água diminuiu drasticamente devido à contaminação causada pela alteração da utilização dos solos e pela urbanização (Peralta Flores 2012).

Estas mudanças levaram ao escoamento de esgotos, poluentes e produtos agrícolas para as águas do canal e do lago de Xochimilco. Através da urbanização, a água em Xochimilco tornou-se repleta de metais pesados (cádmio, cromo e chumbo), hidrocarbonetos, óleos, solventes industriais, herbicidas e outros produtos químicos que não são produzidos através da agricultura tradicional (Peralta Flores 2011). A poluição é maior nos assentamentos ilegais, onde as regulamentações ambientais não são seguidas e não há descarte adequado de produtos químicos (Peralta Flores 2012). Num censo recente de Xochimilco realizado pelo Instituto de Engenharia da UNAM,[4] conduzido pela Doutora Rosario Iturbe Arguelles, os investigadores encontraram 1.373 locais de descarga ilegal de água, 602 dos quais de esgotos e 771 de águas cinzentas dentro da Zona de Património Mundial de Xochimilco (Gonzalez 2015). Vale a pena notar que a descarga de resíduos e esgotos não tratados na zona do património é considerada um crime.

Através destas políticas governamentais de gestão da água, muitos aspectos de Xochimilco, tanto bióticos como abióticos, mudaram. Devido à fraca quantidade e qualidade da água, a agricultura tornou-se difícil e perigosa, uma vez que a irrigação é impossível sem água e as culturas não se conseguem desenvolver corretamente em águas poluídas. A má qualidade da água é um problema de saúde pública, nomeadamente através de doenças transmitidas pela água e de envenenamento por metais pesados, tendo este último sido documentado através de infecções cutâneas em chinamperos (Peralta Flores 2012). O ambiente pobre também levou à extinção e à ameaça de flora e fauna endémicas, das quais a salamandra axolotl (*Ambystoma mexicanum*) se tornou a mascote (Ezcurra 1999). O baixo abastecimento de água, agravado pela baixa produtividade, diminuiu a necessidade de canais, que foram convertidos em ruas pavimentadas, reduzindo ainda mais a quantidade e a qualidade da água em Xochimilco através da invasão urbana (Peralta Flores 2012).

Biologia

Tal como o sistema hidrológico, os organismos encontrados na Bacia do México têm estado em constante fluxo, uma vez que os eventos humanos e não humanos afectaram o ambiente, em alguns casos de forma irreversível. Estas alterações têm estado em curso desde o início da civilização na bacia, embora se tenham intensificado a partir da urbanização e industrialização do Porfiriato (Ezcurra 1999).

---

[4] Universidad Autonoma de Mexico, a maior universidade pública de investigação da Cidade do México.

Antes da influência humana, a diversidade no tipo de solo, abastecimento de água e elevação ao longo da bacia permitia uma grande variedade de tipos de vegetação, desde florestas de abetos até vegetação aquática. Esta diversidade diminuiu após séculos de urbanização e industrialização, ao ponto de a vegetação que outrora era comum em todo o ecossistema da bacia ser agora endémica de Xochimilco e do pouco que resta dos antigos lagos de Texcoco, Zumpango e Chalco (Ezcurra 1999).

Não só a extensão geográfica diminuiu, como também o número de espécies. Por exemplo, cerca de 40 plantas aquáticas diferentes foram extintas devido à fragmentação do habitat, à degradação da água e às espécies invasoras (Peralta Flores 2012).

Algumas dessas espécies invasoras incluem eucalipto, casuarina e jacarandá e se tornaram pragas em todo o que resta da zona chinampa. No entanto, as duas espécies mais prejudiciais têm sido o visco (*Salix bonplandiana*) e o jacinto d'água (*Euchhornia crasspipes*) (Peralta Flores 2011).

O jacinto de água, uma planta sul-americana, deslocou as plantas aquáticas e flutuantes nativas dos lagos de Xochimilco. O jacinto, introduzido na bacia através de reservatórios em 1989, afectou mais de 40.000 hectares de barragens, lagos, canais e drenos em toda a bacia (Rocha Ramirez el al. 2014). Isto afecta os corpos de água ao perturbar as condições de luz e oxigénio (Ezcurra 1999). Entretanto, o ahuejote, a árvore nativa tradicionalmente utilizada para estruturar chinampas, foi devastada por pragas de visco e lagartas de tenda (*Malacosoma incurvum*) (Peralta Flores 2012). Em conjunto com a fragmentação e degradação do habitat, o número de espécies de plantas presentes em Xochimilco está a diminuir e a ficar limitado a uma área mais pequena. Além disso, o ahuejote e outras plantas foram substituídos por árvores de eucalipto e casuarina, que não são adequadas para suportar chinampas (Meza Aguilar 2008).

A fauna de Xochimilco também foi afetada por espécies invasoras e pela fragmentação do habitat. Após a drenagem dos lagos no século XX, as populações de espécies aquáticas diminuíram drasticamente em toda a bacia, incluindo as populações de aves aquáticas, anfíbios, répteis e peixes (Ezcurra 1999). Na década de 1980, um grande número de espécies tinha desaparecido em Xochimilco devido à fraca quantidade e qualidade da água (Farias Galindo 1984). Entretanto, espécies invasoras, particularmente carpas (*Cyprinus carpio* e *Pterorigodon idella*) e tilápias (*Oreochromis mossambicus* e *Tilapia nilotica*) têm sido desastrosas para o ambiente aquático (Zambrano, et al. 2010). Esses peixes ocupam o mesmo nicho que os peixes nativos, competem pelos mesmos recursos e atacam espécies nativas, particularmente o axolote. Num estudo de 2010, por exemplo, os investigadores descobriram que a biomassa de carpas e tilápias em Xochimilco era 90 vezes maior do que a biomassa de todas as outras espécies nativas combinadas (Zambrano, et al. 2010).

De todas as espécies em Xochimilco, o axolotl ou ajolote (*Ambystoma mexicanum)* recebe a maior atenção internacional devido à sua listagem como uma espécie criticamente ameaçada pela Lista Vermelha da União Internacional para a Conservação da Natureza (Lista Vermelha da IUCN). A salamandra foi incluída em 2006 devido à maior degradação do habitat e a contagens de censos mais baixas (Zambrano, et al. 2010). O axolotl é agora endémico para o que resta dos canais e lagos de Xochimilco, embora já tenha existido em todo o vale da Mesoamérica pré-hispânica (CONABIO 2011). Em 1998, a densidade populacional foi estimada em 6.000 indivíduos por quilómetro quadrado, que caiu para 1.000 por quilómetro quadrado em 2004, e eventualmente para apenas 100 ou menos em 2008, com uma população selvagem total estimada em 700-1.200 indivíduos em 2008 (CONABIO 2011). Devido à mudança dramática em apenas dez anos, o axolote tornou-se o rosto da conservação de Xochimilco, com muitas organizações sem fins lucrativos e grupos de conservação a adoptarem o animal como logótipo.

Locais de estudo

Embora os aspectos ambientais discutidos até agora tenham afetado toda a bacia do México,

Xochimilco em si não é uma paisagem homogeneizada. Dentro de Xochimilco, existem áreas com maior e menor grau de urbanização, diferentes tipos de assentamentos e diferentes classificações de uso da terra. Devido a essas diferenças, as localidades experimentam diferentes graus de degradação ambiental. A divisão de Xochimilco em secções mais pequenas também ajuda a identificar as áreas mais vulneráveis às alterações ambientais e as áreas com falta de regulamentação. Ao mesmo tempo, esta separação ajuda a encontrar locais com uma degradação ambiental limitada, o que é útil para aprender sobre uma gestão ambiental bem sucedida. Esta secção analisa as alterações visíveis observadas nas várias visitas realizadas em Xochimilco nos locais de estudo selecionados. É importante notar que esta secção apenas refere as alterações visíveis a olho nu, uma vez que não foram realizados testes de qualidade da água, estudos de biodiversidade ou inquéritos ambientais.

Norte de Xochimilco, Cuemanco

Seguindo para leste, a partir da rua Canal Nacional, passando pelo Mercado de Plantas e Flores de Cuemanco, e ao longo da Avenida Canal de Chalco, Xochimilco Norte fornece a maior quantidade de evidências visíveis de degradação ambiental. Ao contrário dos outros quatro locais de estudo, esta área não está localizada dentro da propriedade oficial da UNESCO, uma vez que a Avenida Canal de Chalco é uma fronteira entre a propriedade da UNESCO e os bairros urbanos de Iztapalapa e Tlahuac (consulte as Figuras 2.4 e 3.3). No norte de Xochimilco, a degradação ambiental foi mais marcante visualmente nas áreas próximas ao Canal Nacional e ao longo da Avenida Canal de Chalco, embora por razões ligeiramente diferentes.

No Canal Nacional, a degradação ambiental era visível através da abundância de jacintos invasores na água (ver Figura 3.4). Em comparação, na fronteira nordeste de Xochimilco, havia uma abundância de resíduos municipais na água do Canal de Chalco (ver Figura 3.5). Embora o lixo tenha sido observado noutras áreas, os níveis de resíduos visíveis no Canal de Chalco eram impressionantes e muito diferentes da paisagem dos parques e ejidos de Xochimilco. Esta diferença deve-se muito provavelmente à falta de uma zona tampão entre a zona patrimonial de Xochimilco e as zonas urbanas do norte. Devido a estes problemas, a zona envolvente do Canal de Chalco, de entre todos os sítios visitados, é a que requer um maior grau de intervenção.

Figura 3.4: Jacinto no Canal Nacional. O Anillo Periferico, uma autoestrada importante, separa-o do resto do ecossistema lacustre em Xochimilco (12 de janeiro de 2015).

Figura 3.5: Resíduos municipais no Canal de Chalco. O canal é paralelo à moderna Avenida Canal de Chalco e separa Xochimilco dos bairros de Iztapalapa e Tlahuac (12 de janeiro de 2015).

Mesmo em frente à estação de metro ligeiro de Xochimilco, os guias turísticos ajudam os visitantes a percorrer o bairro. Para muitos, incluindo eu, uma visita envolve um passeio numa *trajinera*, um barco semelhante a uma gôndola que transporta os visitantes através do que resta dos canais e lagos de Xochimilco. Este passeio de trajinera em particular atravessou o canal principal, começando no embarcadero de Salitre e terminando no embarcadero de Nuevo Nativitas. De um modo geral, as chinampas que rodeavam este canal destinavam-se maioritariamente a uso residencial ou comercial, sendo muitas delas suportadas por cimento em vez dos tradicionais ahuejotes e terra batida, embora um número razoável de chinampas ainda fosse suportado por vegetação (ver Figura 3.6). Fora do canal principal e dentro das áreas suburbanas havia também indícios de eliminação incorrecta de resíduos, com os resíduos urbanos a serem deitados para a rua ou para os restantes canais (ver Figura 3.7).

Figura 3.6: Fundações modernas de chinampa. Enquanto alguns agregados familiares no canal continuam a usar ahuejotes e vegetação como suporte (à direita), outros usam pedra e cimento (à esquerda) (3 de janeiro de 2015).

Figura 3.7: Um canal típico nos subúrbios de Xochimilco; são visíveis alguns resíduos urbanos perto do canal, bem como alguns jacintos. Os sinais na parede dizem "No Littering" (3 de janeiro de 2015).

Perto do Embarcadero de Nuevo Nativitas encontra-se o Bosque de Nativitas. Para além de ser considerado parte do Património Mundial, o Bosque é também considerado uma Área de Valor Ambiental pela Cidade do México, porque foi modificado pelo homem mas continua a ser um oásis para várias espécies de plantas e animais (Ciudad de Mexico 2010). A floresta cobre 19,28 hectares com uma área utilizada para "recuperação" (ver Figura 3.8). Apesar da declaração como sítio ambientalmente protegido, a urbanização levou à deterioração ecológica através da plantação de espécies não nativas, como o eucalipto, e da má gestão dos resíduos urbanos (Secretana del Medio Ambiente 2012). Considerando a sua declaração relativamente recente como área de valor ambiental, é demasiado cedo para avaliar verdadeiramente o efeito de novos projectos e medidas de conservação.

Figura 3.8: Mapa do Bosque de Nativitas. O verde escuro representa o terreno utilizado para "recuperação ambiental" (3 de janeiro de 2015).

San Gregorio Atlapulco

Entretanto, o ejido de San Gregorio Atlapulco pode ser melhor caracterizado como uma paisagem agrícola. No que diz respeito ao ambiente físico e à ecologia de San Gregorio, este foi afetado pelas decisões sistemáticas descritas no início do capítulo. Isto inclui a transformação de canais em estradas suficientemente largas para camiões, bem como a falta geral de manutenção das chinampas restantes. Além disso, há um uso consistente de estufas, o que sugere o uso de agroquímicos. Estas práticas podem afetar o ambiente natural através do escoamento de fertilizantes, da compactação do solo e da poluição, especialmente quando os carros entram no ecossistema (ver figura 3.9). No geral, o ejido parece encaixar-se no modelo de degradação ambiental apresentado no início do capítulo. No entanto, muito mais pode ser dito sobre a cultura em mudança de San Gregorio Atlapulco do que sobre o ambiente físico.

Figura 3.9: Estradas e estufas em San Gregorio Atlapulco. A estrada principal (à esquerda) que entra no ejido de San Gregorio é suficientemente larga para carros. O uso intensivo de estufas pode levar ao escoamento de produtos químicos para a água restante do canal (6 de janeiro de 2015).

Xochimilco Oeste

Para efeitos da presente tese, Xochimilco Ocidental refere-se à área paralela ao

Antigo Canal Cuemanco e a Pista Olímpica de Remo Virgilio Uribe. Aqui há chinampas reaproveitadas, em grande parte para uso comercial. Entre elas, vários clubes de futebol, um centro de investigação biológica (CIBAC) e o parque ecoturístico de Michmani.

No geral, a área funciona como um meio-termo entre o centro urbano de Xochimilco e o isolamento do ejido de San Gregorio. Relativamente às questões ambientais nesta zona, verificou-se a existência de alguns resíduos na água e no solo, bem como alguns avistamentos do jacinto invasor. Além disso, a existência de campos e clubes de futebol implica a utilização de produtos químicos para a manutenção dos relvados.

No Parque Ecoturístico Michmani, tive a oportunidade de alugar um caiaque para explorar o interior do ejido de Xochimilco, uma perspetiva que teria sido impossível com uma grande trajinera, que é demasiado grande para manobrar os canais mais pequenos. Atravessar Xochimilco de caiaque também proporcionou uma melhor compreensão da paisagem longe da urbanização, bem como uma visualização do uso da terra no que resta das chinampas tradicionais. Em comparação com Xochimilco Norte, em particular, havia um grau muito menor de resíduos visíveis e jacintos invasores na água. Também parecia haver uma melhor manutenção das fronteiras ahuejotes e chinampa do que em San Gregorio, embora aspectos da civilização humana moderna ainda pudessem ser vistos ao longo desta viagem (ver Figura 3.10).

Figura 3.10: Vista de um canal. À esquerda, uma zona de proteção ecológica; à direita, uma chinampa de propriedade privada. Apesar de estar longe do centro urbano, é possível ver aspectos da civilização moderna através das linhas eléctricas (9 de janeiro de 2015).

Parque Ecológico de Xochimilco (PEX)

Por último, localizado dentro da zona tampão de Xochimilco, o PEX estende-se por 200,5 hectares e funciona como uma organização sem fins lucrativos, proporcionando recreação, educação e conservação para Xochimilco (PEX 2013). Ao entrar no parque, é fácil esquecer que ele está localizado na Cidade do México urbana, pois os edifícios são poucos e distantes entre si e não há carros buzinando. Caminhar pelo parque foi uma experiência por si só, já que os pássaros e as plantas eram os únicos seres vivos por companhia. No entanto, a influência humana estava presente em todo o lado, como se pode ver nas estradas, nas casas de banho em locais convenientes, nas linhas de energia eléctrica e nos sinais de direção. Para além disso, havia chinampas na parte sul do parque (ver Figura 3.11). Em comparação com os outros locais de estudo, o PEX tinha o menor grau de degradação ambiental visível em Xochimilco, muito provavelmente devido ao seu objetivo implícito como zona de conservação. Assim, o PEX funciona como um exemplo de como outros sítios podem querer gerir paisagens vulneráveis.

Figura 3.11: PEX Sul. Na parte mais a sul do parque, é possível ver onde se encontram as chinampas, algumas das quais ainda são utilizadas para a agricultura (5 de janeiro de 2015).

Conservação do ambiente em Xochimilco

Existem muitos projectos e programas de conservação ambiental em Xochimilco, muitos dos quais começaram ou se intensificaram após a sua declaração como Património Mundial. Muitos destes projectos são de escala local, geridos pelo governo local ou por organizações sem fins lucrativos. Entretanto, a comunidade internacional tem estado em grande parte ausente no que diz respeito à ação no terreno. Em vez disso, as organizações internacionais, especialmente a UNESCO, tiveram um impacto na conservação, aumentando a visibilidade de Xochimilco a nível internacional.

Para além de alguma monitorização por parte do Comité do Património Mundial, a comunidade internacional está largamente ausente no ativismo e na defesa de Xochimilco (Conselho Internacional dos Monumentos e Sítios 1987). Para além desta monitorização, a comunidade internacional declarou o axolotl como uma espécie criticamente ameaçada, o que, por sua vez, aumentou a visibilidade do ambiente natural de Xochimilco (Zambrano, et al. 2010). Apesar destas declarações, a maior parte do trabalho envolvido na conservação, como a gestão, a investigação e a implementação de projectos, tem sido realizada a nível local, principalmente através de agências do governo federal. Além disso, pequenas organizações não governamentais têm estado activas em Xochimilco na conservação ecológica, muitas vezes trabalhando no terreno.

No âmbito do governo federal do México, a Autoridade do Património Natural e Cultural de Xochimilco, Tlahuac e Milpa Alta (AZP) apoia actividades de conservação nas chinampas (Ciudad de Mexico 2015). Especificamente, o AZP trabalha na criação de políticas e programas para melhorar e conservar a natureza e a cultura de Xochimilco. Entretanto, a Secretaria do Ambiente Natural (Secretana del Medio Ambiente) também criou leis e políticas de conservação em Xochimilco, como se pode ver pela declaração do Bosque de Nativitas como floresta urbana e parte do Património da UNESCO (Ciudad de Mexico 2010). Possivelmente a maior política diretamente do governo federal é o Plano de Resgate Ecológico de Xochimilco (Plan de Rescate Ecologico de Xochimilco), que foi aprovado em 21 de novembro de 1989 (Stephan-Otto 1996).

Este plano foi realizado em quatro fases: 1) Expropriação de 1.038 hectares, 2) construção de uma estação de tratamento de esgotos, 3) criação de duas lagoas de regulação para evitar inundações, particularmente nas terras expropriadas, e 4) criação do PEX (Stephan-Otto 1996). O processo de expropriação afectou aproximadamente 3.800 pessoas nos ejidos de Xochimilco e terminou com um custo de mais de 200 milhões de dólares (Stephan-Otto 1996). O PEX está localizado nesta terra confiscada, que foi construída originalmente como um sítio turístico.

No entanto, acabou por se tornar conhecido como um centro de educação, investigação e gestão ambiental para Xochimilco e atualmente realiza as suas próprias investigações com o apoio da UNAM, embora o PEX seja uma organização não governamental (PEX 2013).

Do sistema UNAM, a UAM Xochimilco (Universidad Autonoma Metropolitana: Unidad Xochimilco) tem sido a grande responsável pela realização de projectos de investigação e monitorização em Xochimilco, tanto a nível ambiental como cultural. Um desses projectos é o Centro de Investigaciones Biologicas y Acuicolas de Cuemanco (CIBAC). O CIBAC estuda os problemas da zona lacustre de Xochimilco, especificamente através da conservação do axolotl e das borboletas, bem como através do Jardim Xochitlalyocan, um jardim medicinal e aromático. Todos estes projectos têm como objetivo preservar a flora e a fauna nativas (CIBAC 2015).

Por último, a nível local, existem várias organizações sem fins lucrativos (Asociacion Civil ou A.C. em espanhol), bem como indústrias de ecoturismo, três das quais estão activas através do Facebook e centram-se no ambiente. A primeira delas é a Restauracion Ecologica y Desarrollo (REDES) A.C., que trabalha para melhorar a relação entre a sociedade e a natureza através da defesa e da execução de projectos de conservação ecológica (REDES A.C. 2012). Em comparação, o Parque Ecoturistico Chinampero Michmani (ou simplesmente

Michmani Park) é uma empresa com fins lucrativos, embora receba apoio do governo da Cidade do México (ver Figura 3.12). O parque tem a missão específica de lutar contra a degradação ambiental através do seu próprio programa de criação de axolotes, ao mesmo tempo que angaria fundos através de actividades turísticas Por último, existe o Club de Patos Canal Nacional A.C., que organiza operações de limpeza, contagens de populações de aves, debates educativos e reflorestação de plantas nativas na área circundante do Canal Nacional (Club de Patos 2015).

Figura 3.12: Um cartaz publicitário do restaurante e parque Michmani. Entre os apoiantes deste negócio estão a Cidade do México e o Governo local de Xochimilco (9 de janeiro de 2015).

Existem muitas outras medidas de conservação, em todos os níveis e escalas, que trabalham para a conservação e recuperação ambiental e ecológica em Xochimilco. No entanto, ao longo da investigação que realizei em Xochimilco, os participantes mais activos, tanto no financiamento como na implementação, foram as pessoas de Xochimilco e da Cidade do México. Estes programas incluem projectos que vão desde planos federais de salvamento ecológico a projectos voluntários de pequena escala que limpam os lagos e canais de Xochimilco. No entanto, o sucesso destes projectos não é perfeito, uma vez que persistem os muitos problemas ambientais de Xochimilco que foram detalhados ao longo deste capítulo.

Capítulo 4: As pessoas

Como ilustrado no Capítulo 3, há uma grande variedade de questões ambientais que afectam Xochimilco. Estes problemas ambientais, por sua vez, afectam os aspectos culturais, em particular a agricultura. Desde que recebeu a designação da UNESCO, a produção agrícola diminuiu em Xochimilco, enquanto o turismo aumentou. Embora uma hipótese para esta tendência seja o facto de os agricultores estarem a abandonar a agricultura para se concentrarem na geração de rendimentos através do turismo, a realidade destas mudanças é mais complexa. Desde que o homem se instalou na bacia, muitos factores ambientais, políticos e económicos têm afetado a produção agrícola, sendo que o turismo só recentemente se tornou um fator significativo.

Este capítulo está dividido em três partes. A primeira secção descreve a cultura de Xochimilco, focando a ligação entre o ambiente e a sociedade, bem como as mudanças na agricultura e no turismo nos últimos 30 anos. A esta secção seguem-se as descrições dos cinco locais de estudo, centradas na utilização do solo e nas alterações da utilização do solo nos últimos 30 anos. Aqui, comparo as tendências gerais com as observações no terreno. Por último, o capítulo aborda algumas das medidas destinadas a preservar o património de Xochimilco e a apoiar os agricultores, especialmente no que diz respeito à agricultura chinampa.

Cultura de Xochimilco

As acções humanas têm afetado o ambiente natural de Xochimilco desde que as pessoas vivem na bacia, tendo-se agravado devido à urbanização moderna e aos projectos de drenagem. Estas alterações ambientais criaram problemas para os residentes de Xochimilco. Por exemplo, a água tóxica nos canais criou problemas de saúde e dificultou a agricultura (Peralta Flores 2011). Embora a produção agrícola tenha diminuído em Xochimilco, o número de instalações turísticas aumentou. No entanto, a correlação não implica causalidade, uma vez que há um grande número de factores que causaram esta tendência, desde a política nacional às mudanças culturais regionais.

Embora existam outros factores culturais, como a religião, a língua e a etnia, que podem ser discutidos em Xochimilco, o turismo e a agricultura foram escolhidos como vectores de discussão. Estes dois factores foram considerados os mais relevantes, uma vez que a UNESCO considera Xochimilco como uma paisagem agrícola. Além disso, a filosofia dos sítios do Património Mundial é que os marcos e a cultura devem ser partilhados, o que inclui a utilização do turismo para a defesa e a conservação. Em vez disso, elementos como a religião, a idade, a língua e a etnia serão discutidos apenas em relação à agricultura e ao turismo.

Agricultura em Xochimilco

A palavra "Xochimilco" exemplifica a importância da agricultura, uma vez que em Nahuatl, a palavra traduz-se aproximadamente por "campo de flores" (Vela 2012). Apesar deste nome, Xochimilco produzia mais do que flores na época asteca, pois os agricultores cultivavam produtos como tomates, feijões, chiles, feijões, chuchu e uma variedade de ervas nas chinampas (Luna Golya 2014). Estas chinampas são o aspeto mais importante da identidade de Xochimilco como Património Mundial, uma vez que representam a herança cultural e o trabalho dos agricultores que viveram na bacia nos tempos pré-hispânicos. Estas chinampas requerem muito trabalho e cuidado. Para manter o solo fértil, os agricultores alimentam os leitos das chinampas com lama do fundo do lago e mantêm as plantas aquáticas que sustentam a estrutura (Vela 2012). Embora o processo de criação e manutenção da chinampa exija muito trabalho, o resultado é uma forma de agricultura muito produtiva.

Numa versão idealizada de Xochimilco, os agricultores continuam a criar chinampas, a fertilizar o solo e a cultivar produtos para a sua subsistência. No entanto, a realidade raramente se alinha com o idealismo, uma vez que o número de pessoas envolvidas na agricultura chinampa tradicional diminuiu, particularmente nos últimos 30 anos. No entanto, houve outras mudanças na paisagem agrícola, pois a tendência geral não é simplesmente que menos pessoas estejam a cultivar. Em vez disso, parece que, embora as pessoas continuem a usar chinampas, preferem plantas ornamentais em vez de produtos agrícolas, e a área de terra utilizada para a agricultura é menor. Estas mudanças ocorreram através de uma combinação de alterações sociais, culturais e políticas, incluindo o ambiente físico, a utilização e a propriedade da terra e a estrutura profissional.

No último século, o número de pessoas envolvidas na agricultura diminuiu devido a mudanças culturais e sociais e a políticas que ameaçam a agricultura local. Muitas destas foram criadas pela degradação ambiental, como os projectos de drenagem da bacia da Cidade do México, que reduziram a disponibilidade de água. A poluição da água também reduziu a viabilidade agrícola, bem como o potencial de pesca e caça. Entretanto, as espécies invasoras reduziram o número de espécies aquáticas e semi-aquáticas, como os ahuejotes, que fornecem apoio estrutural às chinampas. Para além destas alterações ambientais, as políticas governamentais afectaram a paisagem agrícola de Xochimilco, embora a causa e o efeito hipotéticos raramente sejam claros.

No que diz respeito ao ambiente natural, a água potável tem sido uma prioridade para os agricultores de Xochimilco, uma vez que as actividades agrícolas e a pesca requerem água. A sobre-exploração da água reduziu a quantidade de fauna aquática disponível para consumo humano e tornou a água e a terra salgadas (Canabal Cristiani, Torres-Lima e

Burela Rueda 1992). A falta de água provocou, assim, alterações na produção agrícola. A primeira dessas mudanças foi o desaparecimento das chinampas, uma vez que a falta de água nos canais obrigou os agricultores a converter as chinampas em planícies, que podem ser utilizadas para a agricultura, mas não são tão eficientes (Canabal Cristiani, Torres-Lima e Burela Rueda 1992). Além disso, devido à baixa produtividade, os agricultores começaram a utilizar fertilizantes químicos e pesticidas nas suas culturas, que fluíam para as águas remanescentes dos canais e que agravavam ainda mais os problemas de falta de água potável (Canabal Cristiani, Torres-Lima e Burela Rueda 1992)

Além das mudanças ambientais, o uso e a propriedade da terra em Xochimilco têm flutuado desde os tempos pré-hispânicos, muitas vezes em detrimento dos agricultores. Recentemente, na década de 1970, Xochimilco foi incorporado à zona urbana do distrito federal através de estradas e rodovias (Canabal Cristiani, Torres-Lima e Burela Rueda 1992). Esta ligação com o centro do distrito federal incentivou a urbanização em Xochimilco (Canabal Cristiani, Torres-Lima e Burela Rueda 1992). Além disso, a ligação incentivou as pessoas a estenderem-se a áreas tradicionalmente agrícolas, uma vez que a população em crescimento exigia mais espaço para crescer (Canabal Cristiani, Torres-Lima e Burela Rueda 1992). Quando Xochimilco obteve a designação da UNESCO, estimava-se que tinha perdido 50% das suas chinampas nos anos entre 1960 e 1980 devido à urbanização (Canabal Cristiani, Torres-Lima e Burela Rueda 1992). No entanto, as pessoas continuam a cultivar, embora a extensão das terras agrícolas esteja a diminuir (ver Figura 4.1).

Apesar destes bloqueios, a produção e a ocupação agrícola mantiveram-se relativamente elevadas. Por exemplo, a terra agrícola colhida aumentou de 3.054 hectares em 1982 para 3.665 hectares em 1987, principalmente para produtos essenciais como o milho (Canabal Cristiani, Torres-Lima e Burela Rueda 1992). No entanto, durante este período, registou-se uma redução do número total de pessoas envolvidas na agricultura, de 6 155 produtores em 1982 para 5 469 em 1987 (Canabal Cristiani, Torres-Lima e Burela Rueda 1992). Além disso, uma vez que a agricultura não constitui uma fonte estável de rendimentos, os agricultores tendem a abandonar a agricultura por empregos mais remunerados ou a aceitar um emprego secundário durante as épocas baixas (ver Quadro 4.1) (Canabal Cristiani, Torres-Lima e Burela Rueda 1992).

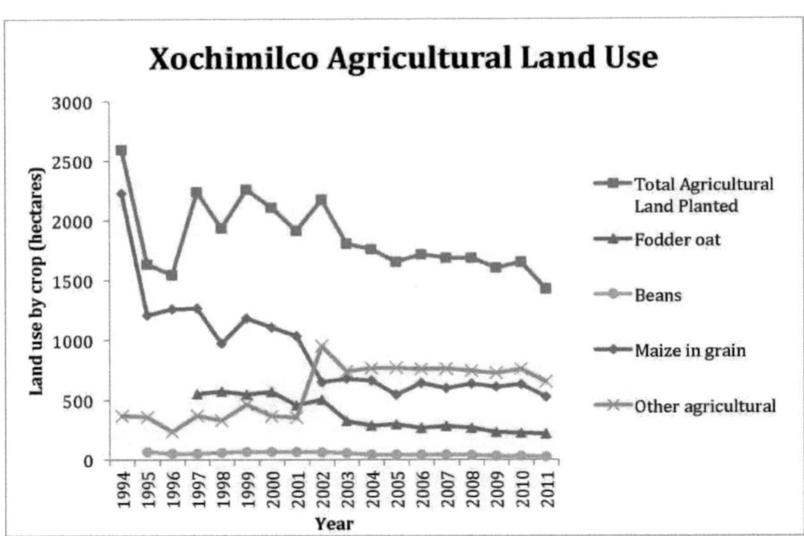

Figure 4.1: Utilização das terras agrícolas em Xochimilco, 1994 a 2011. Em 1994, o milho compunha a maior parte das terras agrícolas, tendo diminuído em 2011. As culturas classificadas como "outras" não são especificadas (INEGI 2014).

Quadro 4.1: Razões para a mobilidade profissional, agricultores da Cidade do México. Embora estes resultados tenham sido recolhidos em 1987, é provável que se mantenham as mesmas razões para abandonar o trabalho agrícola ou procurar um emprego secundário (Canabal Cristiani, Torres-Lima e Burela Rueda 1992).

Reason	Number of Producers	Percentage
Cultivation cycle	198	1.1
Insufficient credit	N/A	N/A
Insufficient income	16,293	88.5%
New lifestyles	N/A	N/A
Land ownership insecurities	N/A	N/A
Other reasons	1,909	10.4
Total	**18,400**	**99.9%**

De acordo com a última estimativa do censo de 2010, apenas 6% de toda a população de Xochimilco está envolvida na agricultura, com 48% dessa população a combinar a agricultura com outro emprego na cidade (Peralta Flores 2011). No entanto, a terra ainda é cultivada, embora a produção agrícola bruta tenha diminuído nos últimos 30 anos. Em termos de produção agrícola, o milho e a aveia forrageira são as duas culturas mais populares. A produção de aveia forrageira, presumivelmente para consumo animal, é maior do que a produção de milho, que tem vindo a diminuir de forma constante nos últimos 20 anos (ver Figura 4.2). No entanto, apesar da menor atividade agrícola, medida através da produção e do uso da terra, o valor dos produtos agrícolas apenas aumentou, particularmente nos últimos 10 anos (ver Figura 4.3). Em vez da aveia forrageira ou do milho, as espécies vegetais não especificadas constituem a maior percentagem do valor económico total da agricultura (INEGI 2014).

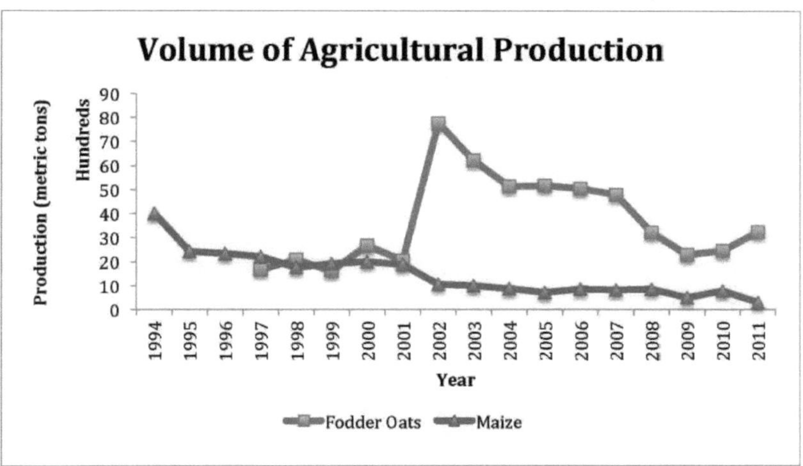

Figure 4.2: Produção agrícola de milho e aveia forrageira em Xochimilco, 1994-2011. A produção de outras culturas rastreadas pelo INEGI (alfafa, chiles, feijão, gramíneas, sorgo, tomate e tomatillos) cai abaixo de 100 toneladas métricas para cada uma dessas culturas (INEGI 2014).

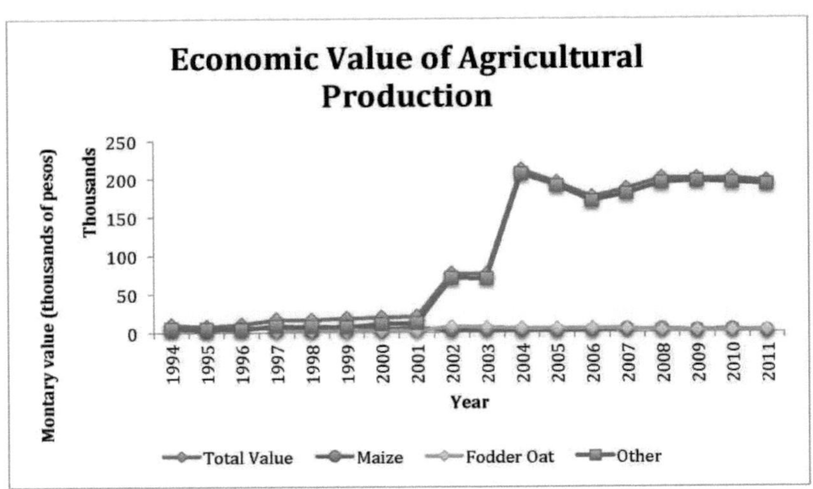

Figura 4.3: Valor económico das culturas em Xochimilco, 1994 a 2011. As culturas classificadas como "outras" não estão especificadas (INEGI 2014).

medida que as terras utilizadas exclusivamente para a agricultura diminuem, o mesmo acontece com o número de agricultores e a produção total. No entanto, o valor económico criado nestes campos parece estar apenas a aumentar. Por conseguinte, parece que as culturas plantadas em Xochimilco passaram de culturas de subsistência, como o milho, para flores ornamentais e cactos, uma hipótese apoiada pelas minhas visitas ao ejido de San Gregorio Atlapulco. Para além destes factores, o turismo pode desincentivar a agricultura, incentivando o crescimento das instalações turísticas. Assim, o turismo e a sua história devem ser compreendidos para avaliar o seu efeito em Xochimilco.

Turismo em Xochimilco

Imediatamente à saída da estação de metro ligeiro de Xochimilco, os guias turísticos e os sinais são imediatamente visíveis. A maioria destes sinais anuncia as trajineras ou aponta os turistas para o embarcadero mais próximo, dando a Xochimilco a reputação de armadilha turística. Fora de Xochimilco, os hotéis, as empresas e o governo federal incentivam os visitantes a gastar os seus fundos em excursões, o que inclui o Turibus, gerido pelo governo (Ciudad de Mexico 2015). Entretanto, o sítio Web do governo para o bairro de Xochimilco, cujo principal objetivo é ligar os cidadãos aos recursos do governo, está muito centrado no turismo (ver Figura 4.4) (Delegacion Xochimilco 2015).

O turismo não é um conceito novo em Xochimilco. [thth] No final do século XIX e início do século XX, na época do Porfiriato, Xochimilco atraiu elites do México central, que viam Xochimilco como um lugar de diversão e descanso, o que levou à criação de clubes de remo e novos embarcaderos (Terrones Lopez 2004). O aumento de visitantes ricos também incentivou investimentos em ligações telefónicas, rodoviárias e ferroviárias entre o centro da Cidade do México e Xochimilco, o que facilitou o intercâmbio de bens e trabalhadores, para além dos visitantes (Vela 2012). Esta tradição foi brevemente interrompida pela Revolução Mexicana para derrubar Porfirio Diaz, quando Xochimilco se tornou uma base para o movimento rebelde Zapatista (Terrones Lopez 2004).

Figura 4.4: A primeira página do sítio Web do governo de Xochimilco, 4 de agosto de 2015. "Turismo" é o segundo separador, com informações dirigidas aos turistas, tais como tarifas de trajinera e informações sobre o que fazer e onde ir (Delegacion Xochimilco 2015).

Após a revolução, Xochimilco, influenciado pelos ideais zapatistas, abraçou

identidade e política indígenas (Terrones Lopez 2004). Este abraço, por sua vez, criou ideias sobre Xochimilco e a sua cultura, definindo-o como um lugar de importante património cultural, especialmente as chinampas (Terrones Lopez 2004). Através deste reconhecimento de Xochimilco como um lugar folclórico, começou a inspirar a cultura popular, incluindo o filme de 1944 *Maria Candelaria*. O filme foi filmado em Xochimilco e é agora considerado um marco para o cinema mexicano, ganhando a competição para melhor filme no Festival de Cannes de 1946 (Festival de Cannes 2015), (Vela 2012). Estas representações de Xochimilco promoveram-no como um local de património, o que, por sua vez, incentivou o governo mexicano a pedir que Xochimilco se tornasse Património Mundial.

Após a designação da UNESCO, o turismo em Xochimilco aumentou à medida que mais pessoas, incluindo visitantes internacionais, tomaram conhecimento da sua existência. Embora não existam dados sobre o número de visitas turísticas, o número de estabelecimentos de alojamento, bem como o número de quartos, está disponível. Em 1994, havia apenas dois estabelecimentos de alojamento registados em Xochimilco, com uma capacidade de 102 quartos. Em 2004, este número aumentou para 6 estabelecimentos registados, com um total de 405 quartos. Desde então, o número de estabelecimentos de alojamento tem-se mantido constante, conforme medido pelo Censo de 2010 (INEGI 2014).

Além disso, o número de pessoas, tanto nacionais como internacionais, que pernoitam em Xochimilco aumentou, embora estes dados só estejam disponíveis para os anos entre 2001 e 2010 (ver Figura 4.5). Devido à falta de dados, é difícil estimar exatamente quanto o turismo cresceu desde a designação da UNESCO, uma vez que os dados só estão disponíveis após 1994 e não fornecem o número total de visitantes. Apesar destas limitações, é evidente que o número de pessoas que visitam Xochimilco está a aumentar.

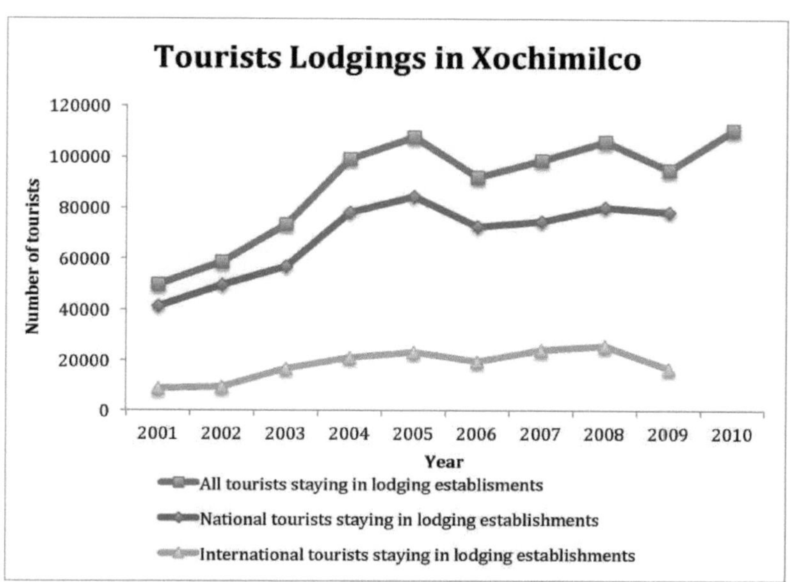

Figura 4.5: Alojamentos turísticos em Xochimilco, 2001-2010. De um modo geral, o número de turistas, tanto nacionais como internacionais, tem aumentado (INEGI 2014).

A UNESCO está ciente de que a inscrição cria inevitavelmente consciência e curiosidade sobre os seus sítios, o que pode criar problemas quando as nações não dispõem de recursos, experiência e pessoal para gerir o turismo (Centro do Património Mundial da UNESCO 2008). No entanto, o turismo pode ser uma atividade económica importante, bem como um instrumento de sensibilização, que contribui para a conservação (Peralta Flores 2011). Assim, a fim de utilizar o turismo para o desenvolvimento, Xochimilco deve gerir os recursos para garantir que os turistas reduzem o seu impacto na paisagem. A gestão pode ser difícil quando Xochimilco carece de infra-estruturas para gerir os seus recursos e prever consequências para o mau comportamento. Devido a estes factores, a 30th sessão do Comité do Património Mundial em 2006 manifestou preocupação com o impacto do turismo no bem (Comité do Património Mundial 2006).

Como sistema económico, o turismo pode ser lucrativo para as pessoas que desejam capitalizálo, o que pode levar as pessoas a procurarem carreiras na indústria do turismo e a abandonarem empregos com salários mais baixos na agricultura (Delgadillo Polanco 2009). Embora a causa e o efeito sejam difíceis de quantificar, o aumento das instalações e alojamentos turísticos é inversamente proporcional à redução da utilização de terras agrícolas (ver Figuras 4.1 e 4.5). Além disso, pesquisas conduzidas por Canabal Cristiani constataram que a falta de geração de renda é o motivo mais comum para o abandono do trabalho agrícola, com 88,5% ou 16.293 trabalhadores agrícolas no Distrito Federal relatando esse motivo como a principal razão para deixar a agricultura (Canabal Cristiani, Torres-Lima e Burela Rueda 1992). Além disso, as actividades de gestão em Xochimilco têm-se concentrado tradicionalmente no aumento do turismo, muitas vezes em detrimento da agricultura tradicional, convertendo chinampas em "jardins flutuantes" orientados para o turismo, que não representam a cultura tradicional de Xochimilco (Delgadillo Polanco 2009). O ecoturismo surgiu assim como uma possível solução para equilibrar a geração económica com a conservação cultural.

Locais de estudo

Xochimilco não está homogeneizado em termos de utilização do solo, uma vez que a utilização do solo e os sistemas económicos variam por zona. Ao analisar estas diferenças geográficas, estamos mais aptos a encontrar áreas que estão a sofrer os maiores graus de mudança, bem como áreas onde as pessoas são mais vulneráveis. A análise das diferenças geográficas também ajuda a identificar as áreas que mais se assemelham ao Xochimilco ideal, com base nas percepções populares da agricultura e da identidade indígena. É importante notar que esta secção se concentra no uso da terra visível a olho nu, uma vez que não foram realizados inquéritos ou estudos com as pessoas que vivem em cada uma destas áreas. No entanto, são incluídas breves conversas e observações com pessoas que vivem ou trabalham nestes sítios.

Norte de Xochimilco, Cuemanco

A área de Xochimilco Norte e Cuemanco não é nem uma zona agrícola nem uma armadilha turística. Em vez disso, a fronteira política entre Xochimilco e os bairros de Iztapalapa e Tlahuac definem nitidamente o uso do solo. Caminhando ao longo da avenida Canal de Chalco, é muito fácil comparar o uso do solo em Xochimilco e o uso do solo no bairro norte de Iztapalapa (ver Figura 4.6). Na fronteira, Iztapalapa é urbana e amplamente utilizada para fins residenciais e pequenos negócios. Uma vedação no lado Xochimilco da fronteira separa a zona patrimonial de Xochimilco da avenida.

Na fronteira, há um grande grau de degradação ambiental, como descrito no capítulo anterior, especialmente no que resta do canal. Apesar desta degradação ambiental, o Vivero Nezahualcoyotl, bem como o Mercado de Plantas e Flores de Cuemanco, incentivam a continuação do cultivo da terra em Xochimilco. A jardinagem, no entanto, não é para produtos agrícolas de subsistência, como o milho, pois o mercado é especializado em plantas exóticas, flores e cactos. Através dos mercados de plantas em Xochimilco, que se situam dentro da zona tampão do Património Mundial, os clientes e os turistas podem comprar plantas ornamentais, incentivando a mudança da agricultura de subsistência para a jardinagem ornamental.

Figura 4.6: Vista da Avenida Canal de Chalco. Do lado de Xochimilco, uma vedação separa o Bem do Património Mundial da zona urbana de Iztapalapa (ao fundo). Um parque infantil actua como uma pequena zona tampão entre estas duas áreas (12 de janeiro de 2015).

Zona Turística e Urbana; Bosque de Nativitas

A parte urbana e suburbana de Xochimilco, especialmente o canal principal, é uma armadilha para turistas. Andando a pé em Xochimilco, há anúncios de embarcaderos e restaurantes por todo o lado. Dentro do próprio canal, barcos e trajineras seduzem os turistas a gastar o seu dinheiro em tudo, desde mariachi a doces. No entanto, ainda existem alguns aspectos da agricultura tradicional de Xochimilco. Algumas das chinampas continuam a ser usadas para agricultura ou jardinagem, embora nenhuma pareça ser usada para culturas alimentares e muitas delas utilizem estufas (ver Figura 4.7).

Figura 4.7: O canal turístico. Em primeiro plano, um homem vende maçãs cristalizadas e pipocas a partir do seu pequeno barco. Ao fundo, a chinampa é utilizada para o cultivo de uma planta ornamental em vasos de plástico. Um monte de terra sugere que a chinampa está atualmente a ser reparada (3 de janeiro de 2015).

Fora do principal canal turístico estão os bairros residenciais de Xochimilco.

O INEGI considera estas áreas residenciais urbanas, com grandes secções localizadas dentro da zona tampão do Património Mundial. A área é composta maioritariamente por casas particulares ou pequenos negócios, o que a torna visualmente semelhante a qualquer outro bairro residencial da Cidade do México. No entanto, as casas e os negócios em Xochimilco diferem num aspeto fundamental: os canais. Muitos edifícios, especialmente os que se encontram perto dos limites do Património Mundial, estão situados junto ou perto de um canal (ver Figura 4.3).

Figure 4.3: Além disso, muitas vezes faltam pontes e caminhos pedonais para atravessar Xochimilco, o que faz dos canais um dos meios de transporte mais práticos. Através dos canais, podemos ver como os vestígios do património de Xochimilco permanecem apesar das mudanças no ambiente e na cultura.

Figura 4.8: Um canal separa duas chinampas. Aspectos de subúrbio e urbanização, como os fios de telefone e a casa unifamiliar ao fundo, contrastam com o imaginário criado pela canoa de madeira a flutuar no canal (14 de janeiro de 2015).

Por fim, o Bosque de Nativitas mostra as intersecções entre recreação ambiental, urbanização e capitalismo em Xochimilco. O parque é direcionado para turistas, com o Embarcadero Nuevo Nativitas a apenas alguns quarteirões da entrada. Na própria floresta, as pessoas podem alugar cavalos e comprar plantas no mercado próximo. No entanto, o parque foi criado para a proteção ambiental, que pode ser posta em causa quando há um grande número de visitantes que o visitam devido ao seu estatuto de local ambiental. Considerando a necessidade de gerar rendimentos através do turismo intensivo, bem como a necessidade de conservar a floresta limitando os turistas, o Bosque de Nativitas deve equilibrar o desejo de um grande número de visitantes e a necessidade de restringir o impacto humano na floresta.

Parque Ecológico de Xochimilco (PEX)

O PEX é um local de investigação, pesquisa, monitorização e conservação para Xochimilco, tal como referido no capítulo anterior. No entanto, o PEX também é utilizado para o turismo e parece ganhar dinheiro com entradas turísticas e serviços como o aluguer de bicicletas. No que diz respeito à agricultura, por sua vez, o PEX foi criado quando 1.038 hectares foram expropriados das pessoas que viviam nos ejidos de Xochimilco e San Gregorio Atlapulco. Estes ejidos foram depois utilizados para criar zonas de conservação ambiental. Com a criação do parque, o governo conseguiu assim aumentar o número de flora e fauna endémicas de Xochimilco (Stephan-Otto 1996). Além disso, partes do parque apresentam chinampas modelo para turistas e visitantes, embora, tendo em conta a sua existência dentro de um parque, não se destinem a ser utilizadas pelos agricultores como forma de subsistência (Delgadillo Polanco 2009). Por último, como a terra foi expropriada, acabou por reduzir à força a utilização de terras agrícolas, embora os impactos positivos do PEX não devam ser ignorados (Stephan-Otto 1996).

Xochimilco Oeste

A zona de Xochimilco Oeste está centrada no lazer. Paralelamente à piscina de remo Virgilio Uribe, há uma infinidade de clubes de futebol e de remo, separados pelo CIBAC e pelo Parque

Michmani. Ao contrário de outras áreas de lazer, esses locais são claramente voltados para a população local do Distrito Federal, pois há poucas maneiras de os turistas visitarem a piscina olímpica sem carro ou barco. A única exceção a esta tendência é o Parque Michmani. Como local de ecoturismo, Michmani está localizado numa chinampa privada que oferece serviços como comida no restaurante e aluguer de caiaques. Além disso, o parque está a trabalhar para a conservação do axolote através de iniciativas de reprodução, que libertam axolotes adultos na natureza. O Parque Michmani também serve de porta de entrada para os forasteiros que desejam explorar em caiaque a zona patrimonial interior de Xochimilco, também conhecida como o ejido de Xochimilco.

Embora ainda existam chinampas nos canais do ejido, a sua utilização não está necessariamente alinhada com a perceção popular das chinampas que são utilizadas para a agricultura de subsistência. Havia três utilizações principais das chinampas no ejido de Xochimilco. O primeiro destes estados é para uso agrícola (ver Figura 4.9). O segundo é para uso comercial, incluindo recreação (ver Figura 4.10). Por último, e o que pareceu ser o maior grupo na minha impressão, muitas chinampas parecem estar abandonadas (ver Figura 4.11). No entanto, muitas chinampas "abandonadas" não estão necessariamente inutilizadas, pois é possível que os proprietários de terras ainda usem a chinampa sazonalmente ou para fins recreativos em vez de agricultura\ Seja qual for a razão pela qual muitas chinampas parecem estar abandonadas, parece que há menos pessoas envolvidas na manutenção e cuidado das chinampas, pois a única pessoa que vi foi um homem mais velho sozinho no canal. Tendo em conta estas observações, parece provável que a utilização das chinampas, incluindo para fins não agrícolas, esteja a diminuir.

Figura 4.9: Agricultura nas chinampas do ejido de Xochimilco. As estufas atrás das árvores sugerem a continuação da utilização das chinampas para a agricultura (9 de janeiro de 2015).

Figura 4.10: Chinampa reaproveitada. A chinampa foi readaptada para ser alugada para festas e jogos de futebol (9 de janeiro de 2015).

Figura 4.11: Chinampa aparentemente abandonada. O crescimento da erva e a falta de estufas sugerem que esta chinampa em particular raramente é usada ou mantida, embora a terra pertença a alguém (9 de janeiro de 2015).

San Gregorio Atlapulco

À semelhança do ejido de Xochimilco, o ejido de San Gregorio Atlapulco mantém muito do património agrícola, como se pode ver pela existência continuada de chinampas e canais. No entanto, em comparação com o ejido de Xochimilco, San Gregorio Atlapulco não parece ter quaisquer fontes de rendimento não agrícolas, como os clubes de futebol e de remo. Em vez disso, a paisagem de San Gregorio era caracterizada pela ausência de agricultura em zonas húmidas e pela utilização de estufas (ver Figura 4.12). A estrada na Figura 4.12 era originalmente um canal que foi pavimentado para facilitar o transporte dentro do ejido, de acordo com os agricultores que conheci durante a minha visita. Devido à destruição dos canais, a agricultura é muitas vezes baseada em terra seca, contrastando com as chinampas húmidas do ejido de Xochimilco. Além disso, muitas das chinampas foram unidas ao longo do tempo para criar planícies, que são utilizadas tanto para jardinagem como para pastagem de animais de criação. A existência de estufas pode também coincidir com a utilização de fertilizantes, com base em algumas conversas com pessoas do ejido.

Figura 4.12: Uma estufa junto à estrada principal no ejido de San Gregorio Atlapulco. A estrada é suficientemente larga para um camião. Embora não seja claramente visível, as plantas no interior da estufa estão a crescer em vasos individuais para venda nos mercados de flores (6 de janeiro de 2015).

As pessoas com quem me encontrei em San Gregorio Atlapulco puderam dar testemunho em primeira mão das mudanças ocorridas nos últimos 30 anos. Em particular, mencionaram a mudança da produção de milho e feijão para a produção de plantas ornamentais, que é em grande parte impulsionada pela economia básica. Por exemplo, um agricultor pode dedicar a mesma quantidade de trabalho para cultivar uma cabeça de alface e para cultivar um cato. No entanto, um cato é vendido a um preço significativamente mais elevado do que uma cabeça de alface. Além disso, a maioria dos residentes pode obter os seus alimentos através dos mercados e lojas locais, que importam produtos dos Estados Unidos e de outras partes do México. Assim, não há necessidade de cultivar alimentos, especialmente quando existem outros métodos que utilizam a mesma terra.

Para além das mudanças nas culturas, parece haver menos parcelas de terra utilizadas para a agricultura. No entanto, estas terras continuam a ser utilizadas, uma vez que os proprietários destas chinampas criam animais de pasto, sobretudo vacas e cavalos. Por último, parece que há menos pessoas a trabalhar na agricultura em geral, enquanto as pessoas que ainda trabalham na agricultura tendem a ser mais velhas. Esta tendência, com base nas minhas conversas, parece basear-se no facto de os agricultores se reformarem na sua velhice e de os agricultores terem filhos com empregos não agrícolas que não querem ou não precisam de trabalhar nas chinampas. Em geral, ambos os ejidos de Xochimilco registaram uma diminuição da agricultura tradicional de chinampa, embora a terra ainda seja utilizada para gerar rendimentos, quer através do turismo quer da produção de plantas ornamentais.

Conservação cultural em Xochimilco

Tal como no caso do ambiente de Xochimilco, a UNESCO desempenhou um papel muito limitado na conservação direta da agricultura. Em vez disso, a designação de Xochimilco como Património Mundial incentivou projectos de gestão e esforços de conservação da cultura de Xochimilco através da sensibilização e da promoção. Muitos destes esforços de conservação não são estritamente para Xochimilco, uma vez que os departamentos agrícolas do governo federal mexicano trabalham com agricultores de todo o país. A mais prevalente destas medidas de apoio à agricultura é o ejido. Os ejidos não são novos em Xochimilco, uma vez que, em 1987, os ejidos de San Gregorio Atlapulco e Xochimilco já estavam estabelecidos (Canabal Cristiani, Torres-Lima e Burela Rueda 1992).

Os ejidos foram criados após a Revolução Mexicana de 1910 para corrigir a desigualdade na posse da terra em todo o México (Perramond 2008). Especificamente, os ejidos destinavam-se a redistribuir a terra de modo a que as pessoas que cuidavam da terra fossem os seus proprietários. Contudo, os proprietários de ejidos não puderam privatizar ou transferir a terra para venda até às reformas de 1992-1993 do artigo 27º da Constituição mexicana, embora o processo de privatização e transferência seja longo e complicado (Perramond 2008). No município de Xochimilco, os dois ejidos foram declarados como área natural protegida pelo governo federal, na categoria de zona sujeita a conservação ecológica (Landazuri Benitez e Lopez Levi 2013).

Com base em conversas com pessoas nos ejidos de San Gregorio Atlapulco e Xochimilco, as parcelas de terra são propriedade privada, pois todos mencionaram a possibilidade de vender a terra. Apesar desta possibilidade, parece que poucos estão dispostos ou são capazes de vender a terra, uma vez que havia muitas parcelas de terra em ambos os ejidos que não pareciam estar a ser utilizadas constantemente. Apesar desta informalidade, os ejidos de Xochimilco têm sido fundamentais na criação de comunidades compostas pelos restantes agricultores (Landazuri Benitez e Lopez Levi 2013). O sentido de comunidade pode ser experimentado em primeira mão quando se visita os ejidos, pois é fácil ver que todos se conhecem. Através do desenvolvimento comunitário, as pessoas também são mais capazes de trabalhar no ativismo e na conservação.

Por exemplo, os ejidos têm sido fundamentais no protesto contra a expropriação de terras em Xochimilco (Landazuri Benitez e Lopez Levi 2013). Possivelmente, a maior expropriação ocorreu com a criação do PEX, pois eram necessárias grandes quantidades de terra para criar o parque. Apesar dos protestos, o governo federal confiscou a terra (Stephan-Otto 1996). Embora as pessoas não tenham conseguido manter a posse da terra, conseguiram obter uma indemnização financeira e novas terras no bairro Barrio 18. Esta situação é diferente de casos de expropriação anteriores, como o da terra confiscada para criar o Anillo Periferico, em que o governo não ofereceu indemnização (Stephan-Otto 1996). Apesar destes empreendimentos mal sucedidos, os ejidos facilitaram o aparecimento de grupos políticos e activistas como a Union de Productores Agricolas Xochiquetzal (UPAX).

A UPAX é uma organização nacional (especificamente um sindicato) composta por produtores rurais cujo objetivo é promover e reforçar o desenvolvimento comunitário nas zonas rurais do México (UPAX 2015). A sua filosofia baseia-se na solidariedade, no compromisso com o ambiente e nas cooperativas de agricultores para ajudar na comercialização, produção, transformação e consumo

(UPAX 2015). Atualmente, a UPAX gere um programa chamado Redes Solidarias, que coordena produtores de diferentes sectores agrícolas (UPAX 2015). Trabalhando sob os ideais da UPAX de justiça ambiental e agrícola, Redes Solidarias é um esforço comercial para promover produtos e serviços de produtores em Xochimilco e Tlahuac (Redes Solidarias 2013). Este esforço tem como objetivo comercializar os produtos e serviços já presentes em Xochimilco a preços justos tanto para o consumidor como para o produtor (Redes Solidarias 2013). Além disso, a organização presta serviços como workshops de jardinagem, assistência técnica, desenvolvimento de projectos e planeamento empresarial para os produtores agrícolas de Xochimilco (Redes Solidarias 2013).

O desenvolvimento comunitário também ajudou na mobilização de grupos e organizações não governamentais locais. Uma delas é o Centro de Informação e Documentação Específica de Xochimilco (CIDEX), um departamento da UAM Xochimilco que se concentra na preservação de documentos e recursos históricos sobre Xochimilco e o seu ambiente (CIDEX 2014). O CIDEX, fundado em 1990, compilou mais de 18.000 documentos, trabalhos de investigação, relatórios, fotografias, vídeos, entre outros, para facilitar a investigação e como forma de conservar a cultura e a história de Xochimilco (Organizacion Editorial Mexicana 2014). Alguns desses documentos foram digitalizados, embora o acesso a esses documentos seja limitado para visitantes pelo corpo docente da UAM Xochimilco.

Um esforço semelhante, embora mais público, é a criação de uma página no Facebook intitulada "Las Chinampas de la Ciudad de Mexico". Lançado em 2014, o sítio destina-se ao público em geral e a académicos e funciona como um arquivo histórico com fotografias e documentos (Las Chinampas de la Ciudad de Mexico 2015). A página é actualizada com frequência, publicando artigos noticiosos relevantes para Xochimilco, como a inclusão das chinampas no Google Street View, bem como investigação arqueológica sobre as chinampas (Las Chinampas de la Ciudad de Mexico 2015). Em 13 de agosto de 2015, o grupo do Facebook tinha 1.496 gostos, incluindo de grupos como o World

Health

Organização e o Fundo Mundial para a Natureza do México (Las Chinampas de la Ciudad de México 2015). Assim, ao chamar a atenção para Xochimilco tanto a nível local como internacional, a página capitaliza as redes sociais como uma forma de ativismo e educação pública.

Entretanto, o grupo sem fins lucrativos REDES (Restauracion Ecologica y Desarrollo ou Restauração Ecológica e Desenvolvimento), trabalha diretamente com os produtores no desenvolvimento social, particularmente no sector agrícola. Como discutido no capítulo anterior, a REDES trabalha principalmente na conservação ecológica de Xochimilco. No entanto, também promove uma relação sustentável entre o ambiente e a sociedade (REDES A.C. 2012). Neste sector, a REDES oferece sessões de formação e projectos que aumentam o número de pessoas envolvidas na agricultura chinampa tradicional, que é melhor exemplificada pela Chinampa Texhuiloc. O Chinampa Texhuiloc foi criado com a ajuda da REDES para unir agricultores preocupados com a conservação ambiental em Xochimilco (Chinampa Texhuiloc 2014). O projeto consiste em reduzir o processo de urbanização através da promoção da agricultura tradicional, cujos produtos são vendidos nos mercados (Chinampa Texhuiloc 2014).

Por último, existem empreendimentos com fins lucrativos em Xochimilco. Nestes esforços, os projectos de desenvolvimento e conservação agrícola estão centrados em empreendimentos de ecoturismo e mercados locais, alguns dos quais receberam apoio governamental. O Parque Ecoturístico Michmani, como mencionado no capítulo anterior, recebe apoio do governo para seus esforços de conservação em relação ao axolote. No entanto, apesar do apoio governamental, Michmani continua a ser uma empresa privada, o que significa que o seu principal objetivo é ganhar dinheiro, embora pretenda reduzir o impacto ambiental do turismo através dos tipos de atividade. Assim, Michmani capitaliza a designação da UNESCO, atraindo turistas para o parque que podem estar cansados dos principais canais turísticos.

Enquanto isso, os jardins locais de flores e ornamentais, como o Vivero Nezahualcoyotl, usam o capitalismo para incentivar o crescimento de plantas ornamentais e o uso de chinampas (Gobierno del Distrito Federal 2006). Este Vivero ou estufa, que cobre uma superfície de 58 hectares, depende da SEDEMA[5] , o ministério federal do ambiente (Gobierno del Distrito Federal 2006). Há também uma variedade de mercados de flores em Xochimilco, incluindo o Mercado de Flores y Hortalizas de Cuemanco (Mercado de Flores de Cuemanco), que cobre uma área de 3 hectares com mais de 1.600 estabelecimentos comerciais individuais (Gobierno del Distrito Federal 2006). Outros mercados estão espalhados por todo o bairro de Xochimilco, embora se concentrem em zonas muito turísticas. Esses mercados vendem de tudo, de brinquedos a vegetais, embora muitos deles, como o de Cuemanco e o Vivero Nezahualcoyotl, sejam especializados na venda de plantas ornamentais e flores. Assim, ao favorecer a venda de plantas, os mercados incentivam o uso de chinampas. No entanto, a produção ornamental depende muitas vezes do uso de estufas e de agroquímicos, o que difere da agricultura chinampa e pode causar danos ambientais através do escoamento de agroquímicos.

Em Xochimilco, a paisagem cultural está a mudar, uma vez que cada vez menos pessoas se dedicam à agricultura e as que continuam a trabalhar nas chinampas tendem a ser mais velhas. Além disso, as instalações turísticas, como hotéis e parques, estão a aumentar em número para ajudar a satisfazer a procura de visitantes de todo o mundo. As comunidades locais têm feito várias tentativas de desenvolvimento para incentivar a tradição da agricultura chinampa. Também houve pessoas que capitalizaram a designação da UNESCO para ganhar dinheiro. Tendo em conta a mudança das paisagens de Xochimilco, é improvável que Xochimilco volte a ter o mesmo aspeto e comportamento que tinha no tempo dos astecas ou mesmo em 1987, o que põe em risco a identidade de Xochimilco como Património Mundial.

[5] Secretaria Del Medio Ambiente ou Secretaria do Ambiente

Capítulo 5: Conclusão

Resultados

Com base na investigação apresentada anteriormente, existem quatro problemas principais em Xochimilco: 1) degradação do ambiente físico, 2) perda da agricultura chinampa tradicional, 3) transição da agricultura de subsistência para a produção ornamental, 4) aumento do turismo. Muitas destas tendências estão relacionadas com a má gestão da água na bacia da Cidade do México no início do século XX, através de projectos de drenagem e da falta de regulamentação industrial. Estas práticas de má gestão conduziram à escassez de água na bacia e à poluição da água remanescente, tornando-a assim inadequada para uso humano. Devido a esta degradação ambiental, a agricultura tradicional chinampa tornou-se mais difícil e muitos abandonaram as chinampas. Na década de 1980, a degradação ambiental de Xochimilco exigia uma intervenção imediata.

O crescimento populacional e a procura de terras e recursos conduziram a uma rápida urbanização em toda a bacia, o que criou problemas ambientais devido à eliminação não regulamentada de resíduos e à elevada produção de poluição. Uma vez que a urbanização está correlacionada com a poluição e a degradação ambiental, a atenuação da urbanização, especialmente sobre a propriedade do património, é uma preocupação fundamental para os grupos de conservação e agências governamentais. A degradação ambiental também desencoraja a agricultura tradicional chinampa, que depende de uma fonte de água constante. Além disso, devido à fama de Xochimilco devido à sua designação, a indústria do turismo pode sofrer com um ambiente degradado. Uma vez que a agricultura chinampa tradicional já não proporciona rendimentos aos cidadãos locais, a perda de rendimentos dos turistas pode potencialmente conduzir à pobreza em Xochimilco. Entretanto, a agricultura remanescente passou para a produção de ornamentais e flores para satisfazer a procura turística. Este tipo de agricultura tende a utilizar estufas e agroquímicos, que não fazem parte da agricultura chinampa tradicional e podem prejudicar ainda mais o ambiente.

thPara além da degradação ambiental e da urbanização, a indústria turística de Xochimilco tem crescido desde o início do século XX. Como o turismo pode ser economicamente mais lucrativo do que a agricultura, a produção agrícola em Xochimilco, especialmente de produtos agrícolas, diminuiu. Entretanto, a agricultura remanescente fixou-se fortemente nas plantas e flores ornamentais, que são vendidas nos mercados locais a preços muito mais elevados do que os produtos agrícolas. Além disso, o comércio barato com os Estados Unidos e os transportes baratos na Cidade do México facilitam aos residentes locais a compra, na mercearia local, dos alimentos que tradicionalmente produziam nas chinampas. Estas quatro tendências interligadas são factores importantes para a conservação, especialmente quando se considera

O papel de Xochimilco como Património Mundial.

O Governo do México apresentou uma petição para que Xochimilco se tornasse Património Mundial em 1986, citando o património cultural e ambiental dos canais e chinampas. Pouco tempo depois, em 1987, Xochimilco foi inscrito na Lista do Património Mundial (Conselho Internacional dos Monumentos e Sítios 1986). Desde então, Xochimilco tem recebido a atenção do governo, de investigadores, de turistas e de agências internacionais. O governo, em particular as obras, é o principal agente em Xochimilco, gerindo os regulamentos locais e criando relatórios sobre o estado de conservação (SOC) a pedido do Centro do Património Mundial e da União Internacional para a Conservação da Natureza (UICN) (Ciudad de Mexico 2015), (Patry, Bassett e Leclerq 2005).

Os SOCs descrevem as principais ameaças ao sítio, bem como as principais decisões e recomendações. Uma vez criados, os SOC são enviados ao Comité do Património Mundial, onde são discutidos. O Comité do Património Mundial utiliza os SOC para quantificar a ameaça relativa ao bem, utilizando a Tendência dos Relatórios, que se baseia na frequência com que o bem foi discutido nos últimos quinze anos (Patry, Bassett e Leclerq 2005). Embora a metodologia tenha sido originalmente criada para as Florestas Património Mundial, a Tendência dos Relatórios, ou Coeficiente de Intensidade da Ameaça (TIC), é utilizada para bens não florestais, incluindo Xochimilco (ver Figura 5.1). Utilizando os relatórios SOC e o De acordo com o relatório Tendência, parece que a UNESCO considera que a gestão e a conservação do bem estão a melhorar, embora de forma não dramática.

Figura 5.1: Tendência dos relatórios sobre Xochimilco. 2003 foi o primeiro ano em que Xochimilco foi avaliado (Centro do Património Mundial da UNESCO 2015).

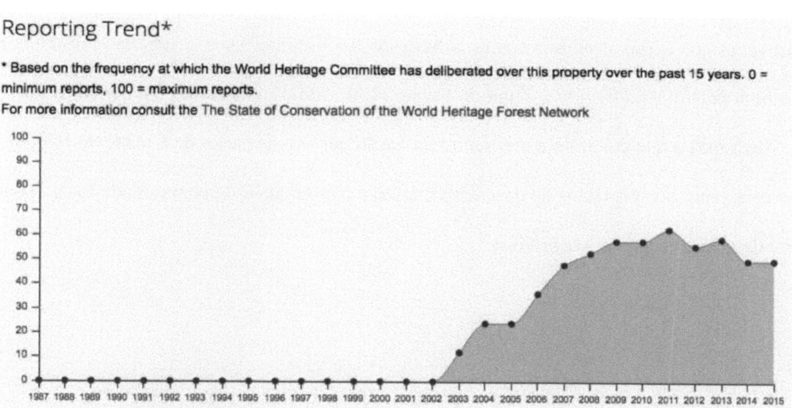

Após a designação da UNESCO, a urbanização permaneceu em grande parte fora da

Bens do Património e dentro das zonas-tampão, embora não completamente (ver Figura 5.2).

Os ejidos de Xochimilco e San Gregorio Atlapulco têm sido fundamentais para evitar a urbanização do património. As zonas tampão que rodeiam o bem patrimonial também parecem ajudar a mitigar a urbanização em Xochimilco. Por exemplo, West Xochimilco está localizado dentro da zona tampão e faz fronteira com o ejido de Xochimilco. Havia menos lixo e mais áreas verdes em Xochimilco Oeste do que em Xochimilco urbano. Em comparação, North Xochimilco, que não tem uma zona tampão entre a propriedade patrimonial e a zona urbana de Tlahuac, continha o maior grau de resíduos e de degradação ambiental de todos os cinco locais.

A falta de urbanização dentro do património pode também ser explicada pela altura em que as fronteiras foram criadas. Aquando da designação pela UNESCO, a extensão da zona patrimonial incluía apenas os ejidos de Xochimilco e San Gregorio Atlapulco (Stephan-Otto 1996). Mais tarde, em 2011, a pedido da UNESCO, foi criado um mapa oficial com os limites do património e da sua zona tampão (Ciudad de Mexico 2010). Assim, uma vez que o bem patrimonial foi demarcado recentemente, parece provável que evitasse incluir a zona urbana de Xochimilco. Quer a urbanização tenha ou não evitado o bem patrimonial devido à linha do tempo ou devido a uma gestão adequada, ainda existem partes de Xochimilco que evitaram a mesma urbanização que outras partes da Cidade do México. Além disso, o crescimento dos projectos de desenvolvimento e conservação da comunidade local aponta para a melhoria da conservação de Xochimilco.

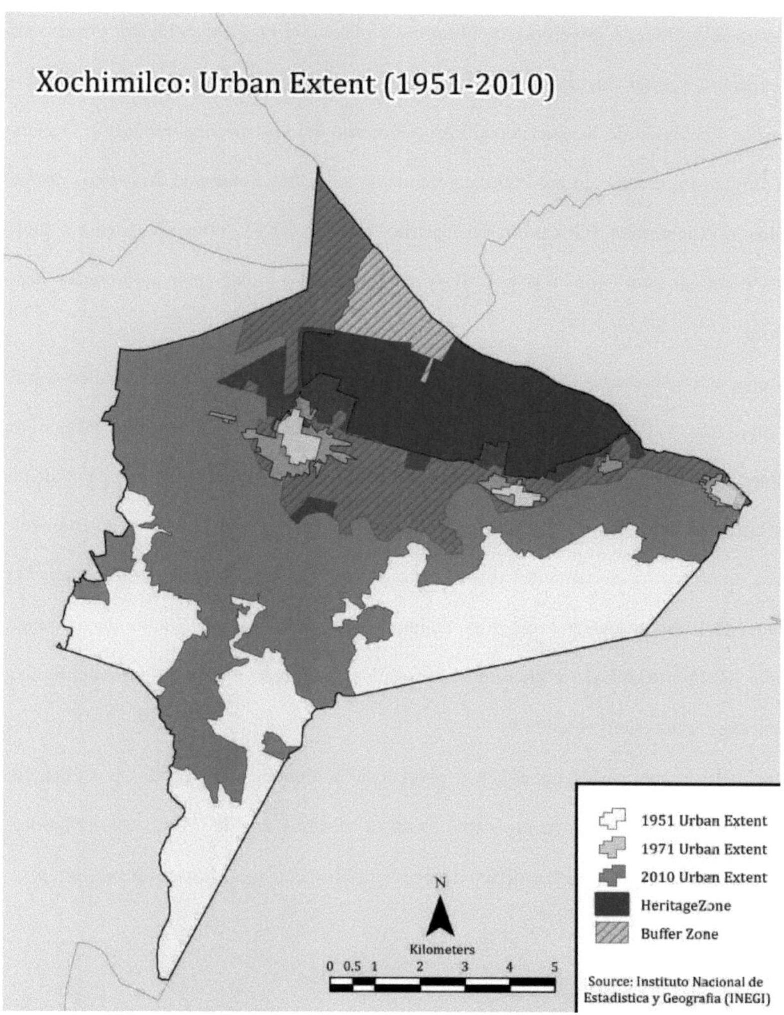

Figura 5.2: Extensão urbana em Xochimilco, 1951-2010. Embora a urbanização se tenha estendido a partes das Propriedades da UNESCO, os ejidos de Xochimilco e San Gregorio estão em grande parte intactos desde 1971 (INEGI 2014), (UNESCO 2006).

Estas iniciativas abrangem várias escalas e incluem projectos, políticas e programas federais e privados. Em termos de política, o governo federal aprovou planos de resgate ecológico. O primeiro deles, em 1989, expropriou terras dos ejidos de Xochimilco e San Gregorio Atlapulco para criar áreas protegidas e o Parque Ecológico de Xochimilco (PEX) (Gobierno del Distrito Federal 2006). O plano de salvamento ecológico foi atualizado em 2006, centrando-se na gestão ambiental dos ejidos de San Gregorio Atlapulco e Xochimilco (Gobierno del Distrito Federal 2006). Fora do governo, tanto agências sem fins lucrativos como com fins lucrativos em Xochimilco trabalham para a conservação ambiental e cultural.

Estes agentes e organizações capitalizam frequentemente o estatuto de Xochimilco como Património Mundial, mas variam em termos de objetivo e abordagem. O Parque Ecológico de Xochimilco e o Parque Michmani, por exemplo, recebem subsídios do governo, para além das receitas turísticas. Outras organizações, como a REDES, o Club de Patos e a UPAX, trabalham estritamente sem fins lucrativos, trabalhando diretamente com os agricultores e na conservação do ambiente. Por fim, as universidades realizam pesquisas ecológicas, culturais e arqueológicas em Xochimilco. Embora haja uma variedade no âmbito, missão e abordagem de cada organização e política em Xochimilco, cada uma delas tem dois factores em comum.

Em primeiro lugar, estas organizações trabalham a nível local e tendem a ser geridas por cidadãos locais de Xochimilco. Em segundo lugar, capitalizam a designação de Património Mundial, especialmente para financiar projectos que utilizam despesas turísticas ou subsídios governamentais.

Discussão

Quando visitaram Xochimilco, muitos turistas expressaram o seu desapontamento por Xochimilco não corresponder às expectativas estabelecidas pelo seu estatuto de Património Mundial. As representações populares através de anúncios publicitários, fotografias antigas e meios de comunicação social como a *Maria Candelaria* estabelecem Xochimilco como um vestígio da cultura indígena que sobreviveu desde os tempos pré-hispânicos. Assim, quando um agricultor pega no seu telemóvel para tirar uma fotografia da sua estufa, é fácil ficar desapontado quando a visualização não corresponde à realidade. Devido a este conflito, é muito fácil cair em ideias pessimistas de que o património ambiental e cultural de Xochimilco desapareceu. No entanto, os vestígios da cultura chinampa tradicional permanecem.

Tendo em conta as muitas e complexas dinâmicas ambientais e socioeconómicas, é vital separar uma versão idealizada de Xochimilco da realidade e não fazer julgamentos baseados no facto de uma cidade moderna já não se parecer com a "velha" Xochimilco. Com este entendimento em mente, deverá Xochimilco manter o seu estatuto de Património Mundial? Será que a sua cultura e ambiente mudaram de tal forma que já não podem ser vistos como um património importante? Em que momento é que a mudança é considerada demasiado pronunciada para que Xochimilco possa logicamente manter o seu estatuto de Património Mundial?

Existe um grande potencial para melhorar o ambiente de Xochimilco, uma vez que o crescimento da população está a abrandar e poderá estabilizar em breve. Com uma população estável, a procura de terra e água também deverá estabilizar, o que, por sua vez, levaria a uma diminuição dos assentamentos ilegais dentro da propriedade patrimonial de Xochimilco. Além disso, com um melhor acesso à educação, bem como a workshops e campanhas públicas, há uma maior consciencialização pública sobre o ambiente e as necessidades de conservação de Xochimilco. Os planos de gestão, como o que foi criado em 2006, forneceram formas concretas de melhorar Xochimilco para o futuro e as melhores formas de gerir os recursos naturais para a prosperidade (Gobierno del Distrito Federal 2006). Por último, a invasão urbana tem sido limitada na zona patrimonial de Xochimilco, com a Extensão Urbana em grande parte fora da zona patrimonial (ver Figura 5.2).

Além disso, com as pessoas a trabalhar na indústria do turismo, a população local tem interesse em manter o património de Xochimilco, que é o principal atrativo para a chegada de turistas. Com o aumento das visitas, as pessoas podem ganhar a vida na indústria do turismo, o que, por sua vez, cria a necessidade de Xochimilco existir para que os habitantes locais possam continuar a capitalizar a indústria do turismo. Quando as pessoas têm interesse na existência do património natural e cultural, começa a haver uma procura de projectos de conservação para melhorar o ambiente natural de Xochimilco e incentivar as actividades tradicionais, incluindo a agricultura chinampa. Assim, a continuação da designação como Património Mundial é fundamental para o futuro de Xochimilco, uma vez que a perda dessa designação levaria provavelmente a uma diminuição da atenção, o que, por sua vez, poderia levar a uma diminuição do interesse pela preservação do ambiente e da cultura únicos de Xochimilco.

Em última análise, a decisão sobre o momento em que Xochimilco deixará de ser um património importante deve estar nas mãos das pessoas que aí vivem e trabalham. Como as pessoas com mais a ganhar e mais a perder no que diz respeito ao estatuto de Património, são elas que devem decidir quando a cultura e o ambiente de Xochimilco são irreversivelmente diferentes. Como uma das pessoas que conheci em Xochimilco me disse em relação ao axolotl: "Se o axolotl morrer, parte da nossa cultura morre". Se considerarmos outros aspectos culturais ameaçados, como os canais, as chinampas e a vegetação, resta saber até que ponto Xochimilco está irreversivelmente mudado.

Trabalho futuro

Como Património Mundial, Xochimilco recebe a atenção tanto de investigadores como de organizadores comunitários. Grande parte desta investigação centra-se na cultura e no ambiente da região, como demonstrado através do CIDEX, do CIBEC e dos esforços de recuperação do axolotl. Apesar disso, há pouca investigação sobre o impacto das agências não governamentais na conservação de Xochimilco. Muitas destas agências, especialmente os grupos mais pequenos, são relativamente novas ou pequenas. Estes esforços também tendem a centrar-se em Xochimilco, uma vez que as grandes organizações internacionais, com exceção da UNESCO, não estão activas na conservação. Para além de investigar o impacto das organizações não governamentais locais, deve ser realizada mais investigação sobre as redes sociais como método de conservação e ativismo, uma vez que a maioria das organizações que pesquisei utilizou as redes sociais de alguma forma.

Por último, o impacto da designação da UNESCO deve ser avaliado nos sítios do Património Mundial fora de Xochimilco. Embora a UNESCO já monitorize e avalie os Sítios do Património Mundial durante as suas convenções, estas avaliações muitas vezes não têm em conta algumas das nuances de cada um dos sítios. Por exemplo, os Relatórios SOC não listam as organizações locais sem fins lucrativos activas em cada um dos sítios ou a opinião local sobre o estado de conservação. Assim, seria benéfico investigar a forma como a designação da UNESCO afectou os sítios em todo o mundo, uma vez que a compreensão das complexas alterações culturais e ambientais pode melhorar a conservação de outros sítios.

Apêndice

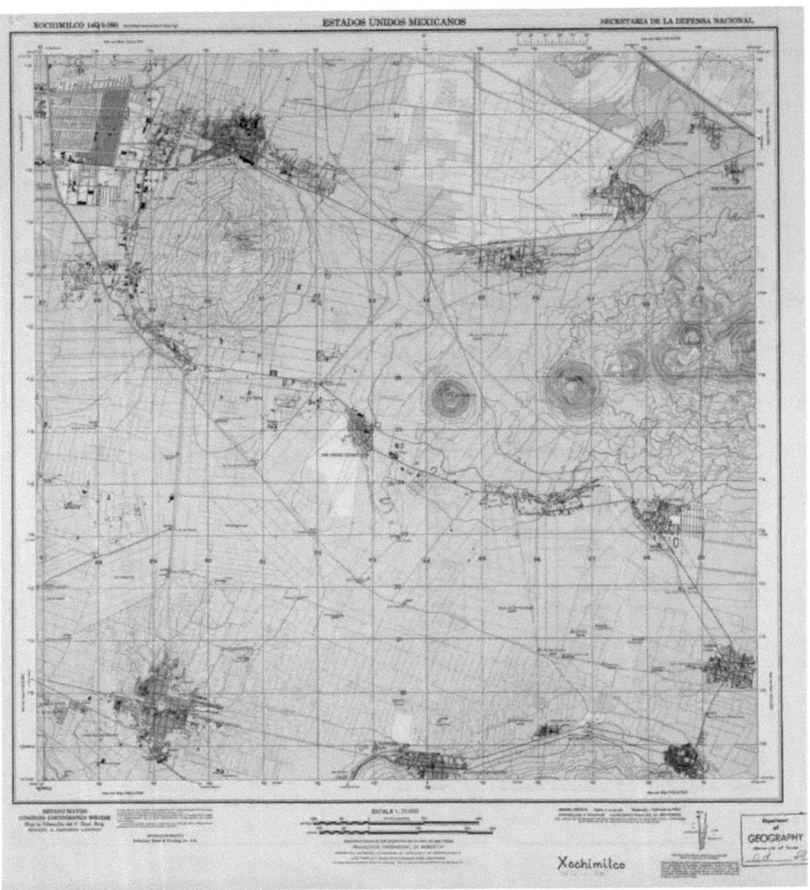

Figura A.1: Mapa político de 1951. Este mapa foi utilizado para digitalizar a extensão urbana para o ano de 1951 em na Figura 5.2,

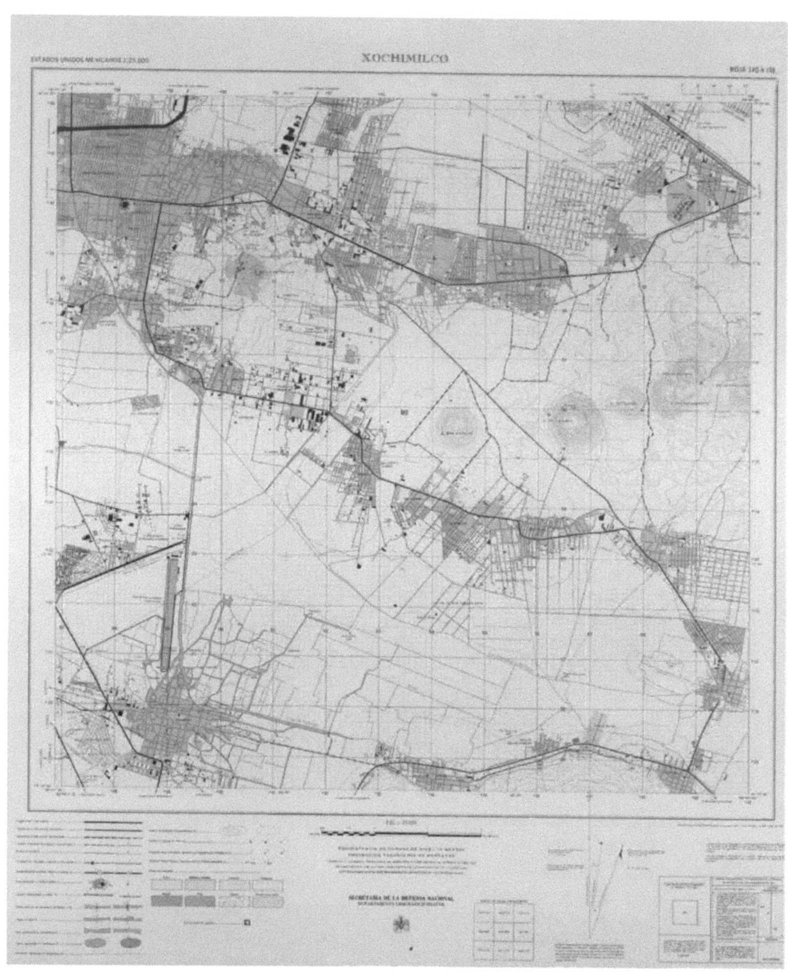

Figura A.2: Mapa político de 1971. Este mapa foi utilizado para digitalizar a extensão urbana para o ano de 1971 em na Figura 5.2,

Figura A.3: Imagens aéreas de 1971. Este mapa foi utilizado para digitalizar a extensão urbana para o ano de 1971 na Figura 5.2,

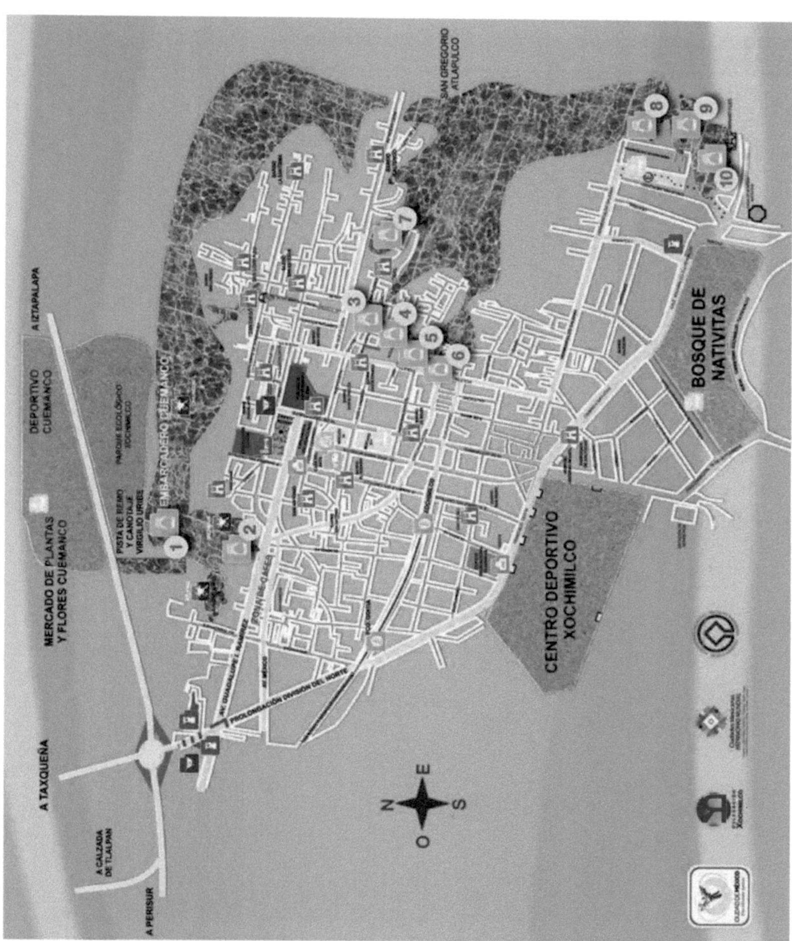

Figura A.4: Mapa turístico de Xochimilco (Delegacion Xochimilco 2015).

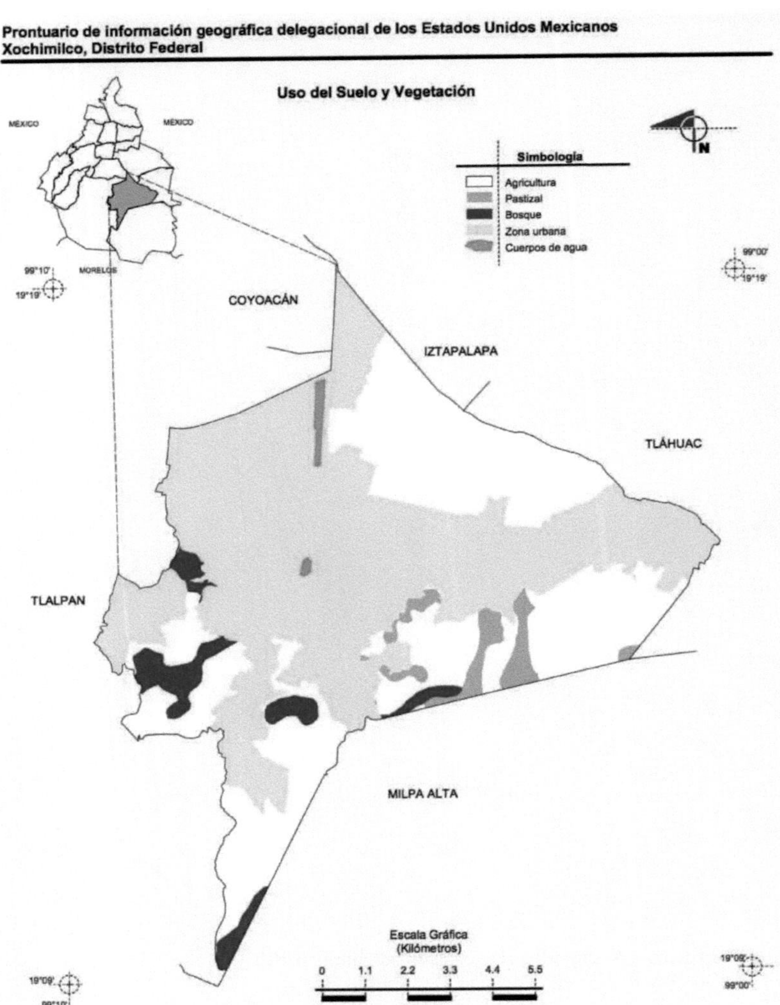

Figura A.5: Utilização do solo em Xochimilco. O amarelo descreve as zonas urbanas, enquanto o branco representa as zonas agrícolas. O INEGI fornece dados digitalizados das áreas urbanas de Xochimilco para 2010 (INEGI 2010).

Quadro A.1: Resumos SOC para Xochimilco, 2003-2013 (Centro do Património Mundial da UNESCO 2015). A UNESCO considera o Centro Histórico da Cidade do México e a propriedade de Xochimilco como um único sítio.

Year	Threats	Committee Decisions
2003	Civil unrest, governance, housing, management systems/management plan, deterioration of unique and severely degraded cultural landscape	Requests State Party to work with ICOMOS, IUCN, and UNESCO in implementing and monitoring management plan; requests State Party to submit finished report by 1 February 2005
2004	Civil unrest, governance, housing, management systems/management plan, deterioration of unique and severely degraded cultural landscape	Commends parties in Project preparation and requests State Party to keep Committee informed
2006	Earthquake, financial resources, housing, human resources, impacts of tourism/visitor/recreation, legal framework, management systems/management plan, urban decay of the Historic Centre, water and environmental pollution, lack of monitoring systems	Reminds State Party to follow-up on conservation achievements; requests parties to consult with IUCN on the conservation of natural and ecological areas; requests State Party submit a detailed and specific report by 1 February 2007 with respect to the lowering water table and the management plan
2007	Earthquake, housing, solid waste, water and environmental pollution	Urges Mexico to create a Management Unit in Xochimilco and begin implementation by 1 November 2007; requests state party to increase collaboration with universities as well as advisory bodies of the Convention; requests a progress report by 1 February 2009 on the implementation of the Management Plan.
2008	Deliberate destruction of heritage, management systems/management plan	Requests State Party to develop a draft Statement of Outstanding Universal Value; requests updated state of conservation report
2009	Deliberate destruction of heritage, management systems/management plans	Requests detailed report on the state of conservation, especially as it concerns the lack of proper sanctions and the new subway line to Xochimilco
2011	Deliberate destruction of heritage, management systems/management plan, underground transport infrastructure	Requests to submit updated report on the state of conservation by 1 February 2013; Requests detailed and updated technical information on 1) urban projects where historical buildings were demolished, 2) Tramway project and its status, 3) Environmental impact study of Line 12 of the metro
2013	High impact research/monitoring activities	Conservation of the property is properly addressed; Requests continuation of intervention reviews of the property and its management system

Bibliografia

Aguilar, Adrian Guillermo, e Flor M. Lopez. "Water Insecurity among the Urban Poor in the Peri-urban Zone of Xochimilco, Mexico City" [Insegurança hídrica entre os pobres urbanos na zona periurbana de Xochimilco, Cidade do México]. Journal of Latin American Geography 8, no. 2 (2009): 97-123.

Canabal Cristiani, Beatriz, Pablo Alberto Torres-Lima e Gilberto Burela Rueda. La Ciudad y Sus Chinampas. D.F.: Universidad Autonoma Metropolitana, 1992.

Casas, Benigno. "Hugo Brehme: El Paisaje Romantico y su Vision Sobre lo Mexicano". Dimension Antropologica (Instituto Nacional de Antropologia e História) 41 (setembro-dezembro de 2007).

Chinampa Texhuiloc. Bienvenidos: Chinampa Texhuiloc. 2014. https://sites.google.com/site/chinampatexhuilocx/home (acedido em 18 de julho de 2015).

CIBAC. nvestigacion: CIBAC. 2015. http://www.xoc.uam.mx/investigacion/cibac/ (acedido em 29 de janeiro de 2015).

CIDEX. Centro de Informação e Documentação Específica de Xochimilco - CIDEX. UAM Xochimilco. 2014. http://148.206.99.56/cosecom/_cidex/ (acedido em 18 de julho de 2015).

Cidade do México. Autoridad de la Zona Patrimonio Mundial Natural y Cultural de la Humanidad en Xochimilco, Tlahuac y Milpa Alta. 2015. http://www.azp.df.gob.mx/ (acedido em 12 de fevereiro de 2015).

-. "Decreto por el que se declara como area de valor ambiental, bajo la categoria de bosque urbano, al Bosque de Nativitas." Jefatura de Gobierno. México D.F.: Ciudad de México, 10 de junho de 2010.

-. Turibus. 2015. http://www.turibus.com.mx/tours-un-dia.html (acedido em 18 de julho de 2015).

Clube de Patos. *Clube de Patos: Resgate do Canal Nacional.* Club de Patos para el Rescate del Canal Nacional A.C. 2015. http://www.clubdepatos.org.mx/ (acedido em 12 de julho de 2015).

CONABIO. "Fichas de especies prioritarias.[11] Perfil de espécies prioritárias, Comision Nacional de Areas Naturales Protegidas y Comision Nacional para el Conocimiento y Uso de la Biodiversidad, Gobierno Federal, México D.F., 2011, 6.

Crossley, Philip L. "Just Beyond the Eye: Jardins flutuantes no México asteca". *Geografia Histórica* 32 (2004): 111-135.

Delegação Xochimilco. *Xochimilco: Patrimonio Cultural de la Humanidad.* Ciudad de Mexico. 2015. http://www.xochimilco.df.gob.mx/index.html (acedido em 18 de agosto de 2015).

Delgadillo Polanco, Victor Manuel. "Patrimonio Urbano y Turismo Cultural en la Ciudad de Mexico: Las Chinampas de Xochimilco y el Centro Historico". *Revista de Investigation Social* (Universidad Autonoma de la Ciudad de Mexico) 6, no. 12 (dezembro de 2009): 69-94.

Ezcurra, Exequiel, et al. *A Bacia do México: Critical Environmental Issues and Sustainability.* Tóquio, Nova Iorque: United Nations University Press, 1999.

Farias Galindo, José. *Xochimilco.* México D.F.: Departamento del Distrito Federal, 1984.

Festival de Cannes. *Seleção Oficial 1946: In Competition.* 2015. http://www.festival-cannes.com/en/archives/1946/inCompetition.html (acedido em 18 de julho de 2015).

Fiess, Norbert e Daniel Lederman. *Mexican Corn: The Effects of NAFTA.* Trade Note, International Trade Department, The World Bank Group, The World Bank Group, 2004, 7.

Governo do Distrito Federal. "Plano de Manejo de Área Natural Protegida". *Acuerdo por el que se aprueba el programa de manejo del area natural protegida con caracter de zona de conservacion ecologica "ejidos de xochimilco y san gregorio atlapulco".* México D.F.: Gobierno del Distrito Federal,

11 de janeiro de 2006. 14.

Gonzalez, Alberto. "Xochimilco, una joya cultural convertida en canales de drenaje". *El Financiero*, 5 de março de 2015.

Hodge, Mary G. *Aztec City-States.* Ann Arbor, Michigan: Universidade de Michigan, 1984.

Huxley, Julian. *UNESCO: Its Purpose and Its Philosophy.* Washington D.C.: Public Affairs Press, 1947.

INEGI. *Banco de informações do INEGII.* Base de dados. Prod. Instituto Nacional de Estatística e Geografia (INEGI). Distrito Federal: Instituto Nacional de Estatística e Geografia (INEGI), 2014.

INEGI. *Xochimilco - 2010.* 2010. Arquivos de forma digital. Prod. Instituto Nacional de Estatística e Geografia. Distrito Federal: Instituto Nacional de Estadística e Geografia (INEGI), 2010.

-. "Xochimilco: Distrito Federal". *Cuaderno Estatistico Delegacional.* Aguascalientes: Instituto Nacional de Estadística, Geografia e Informática, 1999.

Conselho Internacional dos Monumentos e Sítios. *Avaliação da Entidade Consultiva.* Avaliação do órgão consultivo, Lista do Património Mundial, Conselho Internacional, Paris: UNESCO, 1986, 3.

Comité Conjunto das Academias. *Mexico City's Water Supply : Improving the Outlook for Sustainability.* Washington D.C.: National Academy Press, 1995.

Landazuri Benitez, Gisela, e Liliana Lopez Levi. "San Gregorio Atlapulco, Xochimilco: frente a la voragine modernizadora y urbanizadora". Em *El México barbaro del siglo XXI*, de Carlos A. Rodriguez Wallenius e Ramses Arturo Cruz Arenas, 401415. México DF: UAM- Xochimilco, 2013.

As Chinampas da Cidade do México. *Las Chinampas de la Ciudad de México.* 2015. https://www.facebook.com/laschinampasdelaciudaddemexico/timeline (acedido em 15 de outubro de

2014).

Luna Golya, Gregory Gerard. *Modelação da paisagem aquática agrícola asteca do lago Xochimilco: A GIS Analysis of Lakebed Chinampas and Settlement.* Dissertação, Departamento de Antropologia, Universidade Estadual da Pensilvânia, academia.edu, 2014, 180.

Martin, Oliver. "World Heritage and Buffer Zones" (Património Mundial e Zonas Tampão). Editado por Giovanna Piatti. *Reunião Internacional de Peritos sobre o Património Mundial e as Zonas Tampão.* Davos: Centro do Património Mundial da UNESCO, 2009. 159-173.

Meza Aguilar, Maria del Carmen. "El ahuejote en la restauracion del paisaje de Xochimilco". *Bitacora* (Universidad Nacional Autonoma de Mexico), 2008: 51-53.

Mookherjee, Debnath, e George Pomeroy. "Urbanization" [Urbanização]. Em *Encyclopedia of Geography*, editado por Barney Warf, 2953-59. Thousand Oaks, CA: SAGE Publications, Inc., 2010. doi: http://dx.doi.org/10.4135/9781412939591.n1190.

Onofre, Saul Alcantara. "Os Jardins Flutuantes no México Xochimilco, Sítio de Risco do Património Mundial". *Cidade & Tempo* (Centro de Estudos Avangados da Conservagao Integrada) 1, no. 3 (2005): 47-57.

Organização Editorial Mexicana. "Digitaliza su acervo la UAM Xochimilco". *La Prensa*, 21 de maio de 2014.

Patry, Marc, Clare Bassett e Benedicte Leclerq. *The State of Conservation of World Heritage Forests.* Methodology report, Centro do Património Mundial, Organização das Nações Unidas para a Educação, a Ciência e a Cultura, Nancy: Centro do Património Mundial, 2005, 14.

Peralta Flores, Araceli. *Xochimilco y su patrimonio cultural: Memoria viva de un pueblo lacustre.* 2ª impressão. México, D.F.: Instituto Nacional de Antropologia e História, 2011.

Perramond, Eric P. "The Rise, Fall, and Reconfiguration of the Mexican Ejido" [Ascensão, Queda e Reconfiguração do Ejido Mexicano]. *Geographical Review* 98, no. 3 (julho de 2008): 356-371.

PEX. *Parque Ecológico de Xochimilco (PEX).* Ariel Chaga. 2013. http://www.pex.org.mx/ (acedido em 12 de outubro de 2014).

REDES A.C. *REDES: Restauracion Ecologica y Desarrollo* . 2012. http://www.redesmx.org/index.html (acedido em 18 de maio de 2015).

Redes Solidarias. *Nós: Redes Solidarias.* Código Digital Mx. 2013. http://www.redesolidarias.com/#!nosotros-redes-solidarias/c1wfv (acedido em 18 de julho de 2015).

-. *Serviços: Redes Solidarias.* Código Digital Mx. 2013. http://www.redesolidarias.com/#!servicios-redes-solidarias/cewq (acedido em 18 de julho de 2015).

Rocha Ramirez, A, E Robles Valderrama, e E. Ramirez Flores. "Espécies exóticas invasoras de jacinto de água Eichhornia crassipes como habitat de macroinvertebrados em zonas hipertróficas

Sítio Ramsar, Lago Xochimilco, México". *Journal of Environmental Biology* 35, no. 6 (novembro de 2014): 1071-1080.

Secretaria do Meio Ambiente. *Conservacion y Uso Sustentable de la Biodiversidad del Distrito Federal.* Relatório, Ciudad de México, Gobierno del Distrito Federal, México D.F. : Secretaria del Medio Ambiente, 2012, 24-25.

Stephan-Otto, Erwin. *Sustentabilidad de los parques ecologicos: el caso del Parque Ecologico de Xochimilco.* Relatório de Projeto, Facultad de Ciencias Politicas y Sociales, Universidad Nacional Autonoma de Mexico, México, D.F.: ORGANIZACION DE LAS NACIONES UNIDAS, 1996, 54.

Terrones Lopez, Maria Eugenia. *A La Orilla Del Agua: Politica, urbanización y medio ambiente.* Distrito Federal: Gobierno del Distrito Federal, 2004.

Centro do Património Mundial da UNESCO. *Centro Histórico da Cidade do México e Xochimilco: Indicadores*. UNESCO. 2015. http://whc.unesco.org/en/list/412/indicators/ (acedido em 18 de julho de 2015).

Centro do Património Mundial da UNESCO. *Kit de Informação sobre o Património Mundial*. Information Kit, Centro do Património Mundial da UNESCO, Organização das Nações Unidas para a Educação, a Ciência e a Cultura, Paris: Centro do Património Mundial, 2008, 32.

UNESCO. "Xochimilco Distrito Federal". *Centro Histórico da Cidade do México e Xochimilco*. México D.F.: Autoridad de la Zona Patrimonio Mundial Natural y Cultural de la Humanidad en Xochimilco, Tlahuac y Milpa Alta, 2006.

UPAX. *Nós: La organizacion*. 2015. http://upax.mx/la-organizacion/ (acedido em 18 de julho de 2015).

Vela, Enrique. "Xochimilco: Patrimonio de la Humanidad". *Arqueologia Mexicana*. Vol. 43. Editado por Enrique Vela. Arqueologia Mexicana, abril de 2012. 90.

Wakild, Emily. "Naturalizando a modernidade: Urban Parks, Public Gardens and Drainage Projects in Porfirian Mexico City" [Parques Urbanos, Jardins Públicos e Projectos de Drenagem na Cidade do México Porfiriana]. *Estudios Mexicanos* (Os Regentes da Universidade da Califórnia) 23, n.º 1 (inverno de 2007): 101-123.

Comité do Património Mundial. "Convenção para a Proteção do Património Mundial, Cultural e Natural". *Comité do Património Mundial*. Vilnus: UNESCO, 9 de junho de 2006. 238-241.

-. "Convenção para a Proteção do Património Mundial, Cultural e Natural". *Comité do Património Mundial*. Paris: UNESCO, 5 de julho de 2003. 75-77.

-. "Convenção para a Proteção do Património Mundial, Cultural e Natural". *Comité do Património Mundial*. Suzhou: UNESCO, 15 de junho de 2004. 157.

-. "Convenção para a Proteção do Património Mundial, Cultural e Natural". *Comité do Património Mundial*. Chritchurch: UNESCO, 10 de maio de 2007. 259-260.

-. "Convenção para a Proteção do Património Mundial, Cultural e Natural". *Comité do Património Mundial*. Cidade do Quebeque: UNESCO, 22 de maio de 2008. 216-218.

-. "Convenção para a Proteção do Património Mundial, Cultural e Natural". *Comité do Património Mundial*. Sevilha: UNESCO, 11 de maio de 2009. 337-340.

-. "Convenção para a Proteção do Património Mundial, Cultural e Natural". *Comité do Património Mundial*. Paris: UNESCO, 6 de maio de 2011. 258-262.

-. "Convenção para a Proteção do Património Mundial, Cultural e Natural". *Comité do Património Mundial*. Phnom Penh: UNESCO, 17 de maio de 2013. 202.

Zahniser, Steven, Angadjivand, Hertz, Tom Sahar, Lindsay Kuberka e Alexandra Santos. *NAFTA at 20: North America's Free-Trade Area and Its Impact on Agriculture [NAFTA aos 20 anos: a zona de comércio livre da América do Norte e o seu impacto na agricultura]*. Relatório, Departamento de Agricultura dos Estados Unidos, Governo dos Estados Unidos, Serviço de Investigação Económica, 2015, 89.

Zambrano, Luis, et al. *Ambystoma mexicanum*. 2010.

http://www.iucnredlist.org/details/1095/0 (acedido em 20 de julho de 2015).

Zlotnik Espinosa, Aurora. *Sustentabilidad hacia una visión integral*. México, D.F.: Patronato del Parque Ecologico de Xochimilco, A.C., 2009.

Printed by Books on Demand GmbH, Norderstedt / Germany